古树名木复壮与救护

颜亚奇　主编

中国建材工业出版社

图书在版编目（CIP）数据

古树名木复壮与救护 / 颜亚奇主编.-- 北京：中国建材工业出版社，2022.7

ISBN 978-7-5160-3521-4

Ⅰ.①古… Ⅱ.①颜… Ⅲ.①树木- 植物保护 Ⅳ.①S76

中国版本图书馆CIP数据核字(2022)第100630号

古树名木复壮与救护

Gushu Mingmu Fuzhuang yu Jiuhu

颜亚奇 主编

出版发行：中国建材工业出版社
地　　址：北京市海淀区三里河路11号
邮　　编：100831
经　　销：全国各地新华书店
印　　刷：三河市中晟雅豪印务有限公司
开　　本：787mm×1092mm　　1/12
印　　张：23
字　　数：300千字
版　　次：2022年7月第1版
印　　次：2022年7月第1次
定　　价：378.00 元

编写人员

主　　　编：颜亚奇

副 主 编：刘　刚　　熊　伟　　蒋　飞　　何　颉　　邹　涛　　张江文

编　　　委：钟　凯　　陈　明　　高　鹏　　郭西武　　邹利茹　　李　杰
　　　　　　宋彦岑　　林　江　　郭翠娥　　杨　兵　　张　钊　　毛国平
　　　　　　王天龙　　张力铭　　肖　毅　　王小洪　　祁登勇　　余以勇
　　　　　　晏国强　　沈民越　　李天德　　李浩光　　林秋吉　　王　林
　　　　　　向剑超　　杨　鹏　　杨昊霖　　郭旺波　　王　贵　　张建雄
　　　　　　刘　邦　　崔立明　　董庆如　　刘　伟　　黄　俊　　张振华
　　　　　　王禹森　　李栋梁　　马新鹏　　任　伟　　荆万伦　　刘　磊
　　　　　　王金秋　　钱崇禄　　章庆平　　马开元　　麻雷雨　　湛　伟
　　　　　　孙　文　　王　为　　蒋自立　　梁海涛　　来显岗　　顾业梁
　　　　　　周　川　　赵才伟　　杨丁华　　许　超　　陈　慷　　焦志伟
　　　　　　王　峰　　陈敏豪　　郜钱博　　蒋　含阳　　余显夔　　何应邦
　　　　　　王　辉　　徐鹏飞　　李祖军　　李　阳　　曾令勇　　程炳鑫
　　　　　　李　勇　　陈　彬　　袁　楷

设计制作：贾余平　　刘春燕　　刘晓莉　　付能丽　　谭莉敏　　江　燕

技术顾问：颜昌绪

把专业的事交给专业的人去做
是这个时代的特色和分工

保护古树名木　留下历史见证者

前　言

古树名木是一座城市悠久历史文化的"见证者"，是重要的风景旅游资源，它不但是一部生动的教材，对提高城市知名度具有重要意义，而且能丰富城市的文化内涵，同时也为城市绿化工作提供种质资源和科学依据。古树名木的保护是一项技术性很强的工作，涉及多门学科，需要有坚实的理论基础、丰富的实战经验、专业的技术团队、先进的检测仪器、专用的材料和养护品以及一颗爱古树名木的心。

国光作物调控技术研究院成立后，在其前身"国光树博士团队"的基础上组建了国光古树名木保护研究所。20年来，该所在园林养护和树木移植工作中打下了坚实的理论基础并积累了丰富的实战经验，参与了全国各地古树名木复壮、救护与移植的全程工作，有大量的复壮救护与移植成功案例，培养了大量的技术人才；为古树名木复壮、救护与移植提供技术咨询和技术指导，为全国编写了很多救护复壮技术方案并参加方案讨论和实施；参与了《城市古树名木养护和复壮工程技术规范》（GB/T　51168—2016）国家标准的编写，还曾是原国家林业局森防总站100棵人文古树复壮的技术依托单位。国光"古树名木保护研究及技术创新"项目荣获了2019年度中国风景园林学会科学技术奖科技进步二等奖。国光《古树名木救护与复壮》一书被中国园林博物馆收藏。

国光古树名木保护研究所在复壮、救护与移植实践过程中创新发明了30多项专利产品和技术。这些新技术、新发明是"国光树博士团队"独创的，已广泛应用于古树名木复壮、救护与移植过程中，并取得了良好的效果。

国光古树名木保护研究所秉承"爱每一棵古树名木，挽救古树名木就是挽救历史、挽救生命"的宗旨，并借鉴医生对病人的医疗手段来移植、救护和复壮古树名木，通过精准复壮和精细施工达到最佳的救护效果。国光古树名木保护研究所还研制发明了专门用于古树名木复壮救护的资料、器材和养护品。

凡对于需要我们帮助复壮、救护与移植的每一棵古树名木，无论在何时何地，"国光树博士团队"均可派专家到现场体检、化验、诊断和原因分析，并根据每棵古树名木的具体情况详细制订复壮、救护与移栽方案，做到一树一方案。

本书是继"国光树博士团队"编写的前六本资料后，由国光古树名木保护研究所编写的第七本古树名木保护相关技术书籍。

注：第一本《国光名木古树》介绍古树名木基础理论和复壮救护技术；

第二本《国光树博士》介绍古树名木研究所研发的专用器件、仪器、养护品；

第三本《国光古树名木专业救护队》介绍国光古树名木救护复壮专业队；

第四本《园林养护管理指南》介绍园林植物移植养护所使用的专用养护品；

第五本《国光树博士古树名木复壮救护移植技术》介绍古树名木复壮救护移植相关详细技术及规范操作；

第六本《古树名木救护与复壮》介绍古树名木保护相关的案例及仪器、材料、药肥等专用品；

第七本《古树名木复壮与救护》，本书为第七本。

颜亚奇

2022年6月

目　录

第一章　国光古树名木复壮救护案例 …………………………………………1

第二章　国光古树名木移植养护案例 …………………………………………97

第三章　相关专利、仪器、材料及养护品 ……………………………………127

　　第一节　古树名木复壮救护专利 …………………………………………130

　　第二节　古树名木复壮救护检测仪器与专业设备 ………………………133

　　第三节　古树名木救护、复壮、移植、养护专用物资、器材 …………154

　　第四节　古树名木复壮救护专用养护品 …………………………………177

附录 ………………………………………………………………………………219

第一章
国光古树名木复壮救护案例

案例是技术实力的证明
复壮技术好不好，前后对比就知道

救治古树与医生救治病人同理、同法；
爱心、医术、仪器、药品、案例和专业的复壮救护队
是国光承接复壮救护工程的优势所在

没有金刚钻 不揽瓷器活

案例一：河南省驻马店市平舆县城
千年古槐树复壮救护

管理单位：驻马店市平舆县自然资源局

古树树种：槐树

树龄：约 2000 年

生长地：驻马店市平舆县城中心

救护时间：2019 年 12 月；2020 年 3 月—4 月

救护方案设计：国光古树名木保护研究所

施工技术指导：树博士复壮救护专业队

古树基本情况：

　　驻马店市平舆县城中心一株古槐树历史非常久远。据《平舆县县志》记载，该株古树树龄约 2000 年，是当地的风水树，曾有"张飞勒马看古槐""闻道平舆有古槐，世人传说汉时栽"等传说。该株古树由于影响力非常大，平舆县城中心镇曾以古树的名义来进行城镇的命名，周围城市的居民也曾慕古树之名前来祭拜。古树在经历了数次朝代更迭之后仍然存活下来，但是由于生存环境等多种不良原因导致其严重衰弱，表现为枝条枯死较多，病虫害危害严重，树体内部中空严重，树体明显偏冠、根系环境较差等多种现象，整个树势呈现出极度衰弱的迹象。

救护流程及经过：

　　近年来古树呈现出衰弱迹象，当地政府和群众非常焦急，为了延续历史见证，挽救生态遗产，2019 年冬季，驻马店市平舆县自然资源局专项负责古树的领导了解到国光古树名木保护研究所（以下简称国光）在古树救护复壮方面有丰富的经验，于 2019 年 12 月上旬邀请国光技术人员到现场进行调研，对古树的整体情况进行摸底调查。国光技术人员在了解了具体情况之后，根据古树现在的生长状况，分析古树出现问题的原因，并根据实际调查结果制订复壮救治方案。方案很快得到了相关专家的认可，复壮救治工程分为 2019 年冬季树冠修剪及 2020 年 3—4 月两个阶段完成施工。

复壮前

救护复壮结果：

　　古树在救治之后整体状况有了较大程度的改善，枝条萌芽很快，短时间内枝繁叶茂，叶色浓绿，病虫害减少了很多，古树焕发出年轻活力。此次古槐树的救治工作取得成功，得到了平舆县政府领导及当地群众的高度认可。通过科学的救治，很好地保护了古树，为当地群众保留下了一道历史文化风景线。当地媒体进行了跟踪报道，群众还为国光赠送了锦旗。

复壮后1年观察

安徽·合肥

案例二：安徽省合肥市肥东县火龙村古黄连木复壮救护

管理单位：合肥市肥东县林业局
树木名称：黄连木
树龄：约300年
生长地：合肥市肥东县火龙村村口
救护时间：2020年12月
救护方案设计：国光古树名木保护研究所
施工技术指导：树博士复壮救护专业队

古树基本情况：

合肥市肥东县火龙村村口生长着一株古黄连木，树干古朴苍劲，由于生长年限长，生理机能衰退，加之根系环境受到较大面积的地面硬化影响，无法向外延伸，吸收营养能力急剧下降，初步判断土壤中有机质及各种营养元素不足，多种因素导致古树逐年衰弱。

救护流程及经过：

2020年11月初，肥东县林业局古树保护相关负责人了解到国光在全国各地开展古树复壮救治保护等工程，具有丰富的古树保护经验，专业技术能力强，值得信赖。于是2020年11月下旬，肥东县林业局的古树相关负责人邀请国光技术人员到现场进行查看，对古树的整体情况进行生长现状摸底调查。国光技术人员在了解了具体情况之后，根据古树现在的生长状况，分析古树出现问题的主要原因，并根据调查结果制订有针对性的复壮救治方案。方案很快得到了认可，为了尽快救治古树，复壮工程于2020年12月2日开始施工。

救护复壮结果：

古黄连木复壮工作取得了良好的效果。古树在复壮之后翌年枝繁叶茂，叶色浓绿，无明显病虫害发生，长势显著好转，古树又一次焕发出青春活力。通过科学的诊断和精心的复壮施工，我们保护了古树，为当地保留下了一道历史文化风景线，留住了人们的乡愁记忆。该项目也得到了肥东县林业局及当地群众高度认可。

复壮后

案例三：河南省开封市杞县城隍庙
千年古槐树复壮救护

河南·开封

管理单位：开封市杞县林业发展中心

树木名称：古槐树

树龄：约1300年

生长地：开封市杞县城隍庙

救护时间：2021年4月

救护方案设计：国光古树名木保护研究所

施工技术指导：树博士复壮救护专业队

古树基本情况：

开封市杞县城隍庙内现存的一株古槐树是《杞县县志》中记载的树龄最古老的一株古树。随着树龄的增长，古树生理机能出现了较大程度的衰退，再加上立地环境较为恶劣（处于县城中心城隍庙内的市场内，周围房屋众多，光照条件极差，香客烧香烟熏等）；古树根系严重受损；枝干病虫害危害及日常养护管理不到位，树干严重中空腐朽，树皮一半以上脱落。种种原因导致古树现在处于极度衰弱的程度，判定分级为濒危株。

救护流程及经过：

2021年4月初，开封市杞县林业发展中心古树相关负责人通过相关渠道了解到国光古树名木保护研究所在全国各地开展的古树复壮救治保护等工程案例，决定邀请国光对此树进行救护。

为了保护好历史见证者，挽救不可多得的生态遗产，2021年4月13日，该中心邀请国光技术人员到现场对古树进行生长现状调查。根据古树生长现状，分析古树出现问题的原因，有针对性地制订复壮救治方案。方案很快通过了相关专家的审核，复壮救治工程于2021年4月24日开始施工。

救护复壮结果：

此次古槐树救护方案和施工救护效果得到了开封市杞县林业发展中心的高度认可。古槐树救护成功后，杞县林业发展中心又邀请国光协助调查了当地多棵古树的生长现状，国光提出了相关的保护建议，对方向国光赠送了书籍《杞县古树名木录》。通过科学的救护，成功地保护了古树，国光与管理单位建立了高度信任，为今后对当地的古树保护奠定了良好的基础。

复壮前

复壮后

复壮前

复壮后

四川·什邡

案例四：四川省什邡市红豆村
千年古红豆树复壮保护

管理单位：什邡市自然资源局
古树树种：红豆树
树龄：约1200年
生长地：什邡市师古镇红豆村
救护时间：2021年4月
救护方案设计：国光古树名木保护研究所
施工技术指导：树博士复壮救护专业队

古树基本情况：

　　红豆树位于什邡市师古镇红豆村，胸径1.58m，树高30m，树冠22m。该树树干粗壮，枝分四面，状如巨伞，挺拔苍翠，是当地老百姓心中的"宝树"。"5·12"汶川特大地震灾后重建过程中，红豆树被原地加以保护，树周设计为婚庆广场。据当地村民介绍，该树有很多奇异现象：北面干枝单年开花结实，南面干枝无花果，双年南面干枝开花结果，北面却无，多年交替行之；某侧枝干长势差，某方将遇干旱，反之风调雨顺。

救护流程及经过：

　　2020年出现长势不良、养分不足、萌发力弱，至5月未发新叶，比正常发叶期晚，出现多年不开花的情况，生长势濒危。

救护复壮结果：

　　通过主干支撑加固、枝条整理、防虫、保水、扩大树盘、根系诱导、土壤改良等处理措施，千年红豆树当年春天终于发了大量新芽，重新开出美丽繁茂的花朵，恢复了往日的茂盛，在郁郁葱葱的红豆树上，洁白的蝶形花朵重新挂上枝头。

复壮前

国光古树名木保护研究所——复壮救护专业
复壮救护古树名木　为历史留下见证者

复壮后

案例五：江苏省宿迁市马陵公园枸杞树复壮

管理单位：宿迁市马陵公园景区管理处
古树树种：枸杞
树龄：414年
生长地：宿迁市马陵公园
救护时间：2020年11月
救护方案设计：国光古树名木保护研究所
施工技术指导：树博士复壮救护专业队

古树基本情况：

　　枸杞树长势衰弱，主干腐烂颇为严重。部分枝条采用布条扎紧，原有支撑采用木质结构和钢管相结合而搭建。叶片较小，萌生的枝条较小。树池较大，枸杞树处于低洼地带，急需救护处理。

救护流程及经过：

　　2020年11月，宿迁市马陵公园对园区7棵古树进行复壮及救护招标，国光当地合作伙伴中标，国光专门制订了一树一策的救护方案并实施了保护工程。

救护复壮结果：

　　此次救护得到马陵公园景区的肯定，复壮效果比较显著。通过科学的救护，这株不可多得的古树焕发了生机，为当地居民和参观旅游的游客保留下一处珍贵的景点。

复壮前

复壮后

复壮后

案例六：浙江省嘉兴市嘉善县
百年榉树复壮

浙江·嘉兴

管理单位：杭州市政园林嘉善分公司
古树树种：榉树
树龄：约100年
复壮时间：2021年4月
生长地：嘉兴市嘉善县博文府邸
救护方案设计：国光古树名木保护研究所
施工技术指导：树博士复壮救护专业队

古树基本情况：

　　古榉树的主干有很大的树洞，树干上有部分枯枝，长势弱，叶片整体偏黄，大部分枝干无新叶萌发。根部树盘小，周围被硬化，透水透气性差。

救护流程及经过：

　　根据与管理方的沟通协调，主要进行了顶部和主干的树洞防腐修补，根部复壮处理和干部杀虫杀菌防腐处理。

救护复壮结果：

　　复壮两个月后观察，叶面浓绿、厚实，无病虫害，枝繁叶茂，长势良好。复壮效果得到了管理方的认可。

复壮前

复壮后

云南·昆明

案例七：云南省昆明市抗战胜利堂古滇朴树复壮救护

管理单位：昆明市抗战胜利堂管理处
古树树种：朴树
树龄：约160年
生长地：昆明市抗战胜利堂
救护时间：2021年3月
救护方案设计：国光古树名木保护研究所
施工技术指导：树博士复壮救护专业队

古树基本情况：

　　此树位于昆明市抗战胜利堂内，据悉其树龄距今约160年，是非常有文化意义和年代感的一棵古树。此树主干腐朽空洞受损严重，空洞部位用水泥做的修复，修复接缝处都有开裂，树池内栽有地被，出现干枯枝，树势衰弱。

救护流程及经过：

　　昆明市抗战胜利堂管理处为了更好地保护好这棵古朴树，特邀请国光进行现场调研、设计救护方案及商谈保护事宜。设计方案顺利通过了专家的评审。

救护复壮结果：

　　此次救护工作得到了昆明市抗战胜利堂管理处的充分认可，同时得到当地市民的赞扬。通过科学的救护，很好地保护了该古树，为当地居民和前来参观的游客保留了一棵"活文物"。

复壮前

复壮后

案例八：四川省都江堰市青城山景区 青峰书院银杏复壮

四川·都江堰

管理单位：都江堰市都江堰景区管理处
古树名称：银杏
树龄：不详
生长地：都江堰市青城山景区青峰书院进门右侧
救护时间：2019年11月
救护方案设计：国光古树名木保护研究所
施工技术指导：树博士复壮救护专业队

古树基本情况：

　　该古银杏生长于都江堰青城山景区青峰书院门口右侧的长廊附近。据了解，该古树之前长势较好，2019年上半年受病虫害危害后出现了大量落叶和叶片发黄的情况，主要表现为：顶端叶片掉落严重，其他部位的叶片出现了叶片失绿、叶缘焦枯等症状，树势逐渐衰弱。

救护流程及经过：

　　技术人员对其进行了现场诊断，分析出现问题的原因，并有针对性地制订复壮保护方案。方案得到审核通过后，技术人员首先用古树检测专业仪器"Picus³"应力波扫描仪对树干 2m 以下的位置做了空腐检测，结果发现树干基部空腐较严重，整个树干的木质受损情况呈现"三角锥"形，于是对腐朽部位做了保护处理。

救护复壮结果：

　　古树经过国光古树复壮专业队的复壮保护后，整个树冠无干枯枝存在，其他枝条长势茂盛，叶色浓绿，翌年枝繁叶茂，病虫害得到了防治，古树焕发出生长活力。相关单位领导和景区管理人员十分认可国光的复壮救护工作。

复壮前

复壮后

福建·邵武

案例九：福建省邵武市古柿树复壮保护

管理单位：邵武市东关小学

古树树种：柿树

树龄：100余年

移植时间：2021年3月

生长地：邵武市东关小学

救护方案设计：国光古树名木保护研究所

施工技术指导：树博士复壮救护专业队

古树基本情况：

　　2021年年初现场观察古柿树的生长状况，树体主要表现为整体枯枝比较多，枝干长满青苔，由于前期没有得到很好的管护，树体存在多处朝天洞和通干洞，严重影响古树的正常生长。

救护流程及经过：

　　经过与管理单位的沟通，于2021年3月14日开展复壮救护工作，主要防除枝干青苔，做白蚁防治工作，修剪干枯枝条，安装牵引绳防止分叉枝条倒塌，对多个树洞恢复树体美观性，对古树生长环境进行整体的改善，包括土壤改良、防治土传病害及促根、壮根等措施。

救护复壮结果：

　　于2021年5月中旬进行回访，发现古柿树的整体长势恢复良好，新芽已整体发出，枝叶繁茂，叶色厚绿，枝干已无青苔危害，管理单位对复壮效果很认可。

复壮前

复壮后

黑龙江·哈尔滨

案例十：黑龙江省哈尔滨市政府广场黑松复壮

复壮前

管理单位：哈尔滨市松北区城市管理和行
　　　　　政综合执法局
树种：黑松
树龄：不详
复壮时间：2018年5月
生长地：哈尔滨市政府广场
救护方案设计：国光古树名木保护研究所
施工技术指导：树博士复壮救护专业队

古树基本情况：
　　由于立地环境不良，冬季气候恶劣，
导致树势生长衰弱，表现为树体松针大量
发黄干枯。

救护流程及经过：
　　采取了疏松根部土壤，清除多余的覆
土，挖复壮沟，施促根壮根的药肥，主干
和树冠补充营养等措施处理。

救护复壮结果：
　　三个月后回访观察，树体由原本
的严重枯黄、落叶变为全冠翠绿，萌
发出大量的新叶，复壮效果良好。

复壮后

四川·都江堰

案例十一：四川省都江堰市离堆公园景区
古桩银杏修复

管理单位：都江堰市都江堰景区管理处

古树树种：银杏

树龄：不详

生长地：都江堰市离堆公园景区堰功道两侧

救护时间：2020年12月

救护方案设计：国光古树名木保护研究所

施工技术指导：国光树博士复壮救护专业队

古树基本情况：

都江堰市离堆公园景区堰功道两侧的古桩银杏伴随着历史名人的塑像屹立在堰功道两侧。8棵古桩银杏形态各异、端庄优雅，目

送着一批又一批的游客，也见证着一代又一代的历史更迭。近些年来，由于长期处于潮湿的环境当中，加之古树根系长期盘踞于花台内，树体营养得不到足够的供应，同时树干上寄生较多的青苔，木质部出现了较大面积的空洞腐朽。

救护流程及经过：

国光技术人员到现场进行了考察，编写了复壮救护方案，方案经管理单位评审通过，于2020年12月9日开始施工，对古桩银杏进行了枝干整体修复和复壮保护工作。

救护复壮结果：

此次复壮保护工作得到了相关单位的认可，古桩银杏在经过科学合理的树体清腐防腐和根系复壮之后树体面貌焕然一新，仿佛年迈的老者再次焕发青春，用慈祥的面容迎接一批又一批的游客前来参观。通过科学的复壮修复，很好地保护了古树，为都江堰的古树资源保留一份历史见证，为游客保留下了一道历史文化风景线。

复壮前

复壮后

复壮前

复壮后

复壮前

复壮后

复壮前

复壮后

复壮前

复壮后

复壮前

复壮后

复壮前

复壮后

复壮前

复壮后

河南·驻马店

案例十二：河南省驻马店市平舆县厂庙村古槐树复壮

管理单位：驻马店市平舆县园林局
古树树种：国槐
树龄：1000多年
生长地：驻马店市平舆县厂庙村
救护时间：2020年4月
救护方案设计：国光古树名木保护研究所
施工技术指导：国光树博士复壮救护专业队

古树基本情况：

　　厂庙村古槐树长势衰弱，树体倾斜生长，平舆县园林局已对树体搭建支撑进行保护。树体主干处于中空状态，且腐烂颇为严重。叶片较小，并伴有大量蚜虫。

救护流程及经过：

　　由于前期平舆县的千年古槐复壮工程得到了管理单位的认可，再次合作。通过调查后，按一树一策的原则，有针对性地制订了保护方案，并精心组织施工。

救护复壮结果：

　　通过回访发现该树的长势比往年显著改善，此次救护工作取得了初步成功，管理单位认可国光的工作。

复壮前

复壮后

江苏·淮安

案例十三：江苏省淮安市金湖县朴树救护

复壮前

管理单位：淮安市金湖县园林局

古树树种：朴树

树龄：157年

生长地：淮安市金湖县

救护时间：2021年3月

救护方案设计：国光古树名木保护研究所

施工技术指导：国光树博士复壮救护专业队

古树基本情况：

　　该古树生长在金湖县金如园大酒店门前，是具有历史和文化意义的一棵古树，但是这棵树生长情况并不理想，受暴风雨天气影响，一侧枝条折断，树冠严重偏冠，树体整体长势偏弱。主干自上而下处于中空状态，存在对穿洞、朝天洞，且树洞内部寄生枸杞，枸杞长势茂盛，大量根系寄生在主干树洞内部，自上而下生长。一侧枝条折断很大程度上受其影响。朴树叶片整体较小且发黄，尤其是顶端叶片养分供应不足，出现秃顶现象，管理单位已对朴树搭建硬性支撑。

救护流程及经过：

　　受暴雨天气影响，一侧较大枝条折断，致使朴树存在严重偏冠问题，加之朴树年老体衰生理代谢下降，水分养分无法到达树冠顶端部位以供叶片进行光合作用，顶端整体叶片发黄。金湖县园林局为了更好地保护好这棵古朴树，特邀请国光进行救护及保护事宜。

救护复壮结果：

　　此次救护工作得到了金湖县园林局的认可，通过科学的救护，保护了古树，为当地居民保留下了活文物。

复壮后

海南·中石化

案例十四：中国石化海南炼油化工有限公司 6株古酸豆树复壮救护

管理单位：中国石化海南炼油化工有限公司
古树树种：酸豆树
树龄：约200年
生长地：中国石化海南炼油化工有限公司
救护时间：2021年11月
救护方案设计：国光古树名木保护研究所
施工技术指导：国光树博士复壮救护专业队

古树基本情况：

　　这6株古酸豆树位于中国石化海南炼油化工有限公司院内，是具有文化和历史意义的古树。6株古酸豆树复壮前的长势一般，由于受台风和地势改变的影响，枝叶大面积干枯脱落，根系不同程度受损，树势衰弱。

救护流程及经过：

　　中国石化海南炼油化工有限公司的6株古酸豆树

是整个厂区独有的古树。管理单位为了更好地保护好这6株古酸豆树，保护好历史绿色遗产，特别请国光进行复壮救护。

救护复壮结果：

　　此次救护工作十分顺利，通过科学的救护施工，这6株古酸豆树枝叶大量萌发，树势明显好转。

复壮前

复壮后

第1株（共6株）

复壮前

复壮后

第2株（共6株）

-41-

复壮前

复壮后

第3株（共6株）

复壮前　　复壮后

第4株（共6株）

复壮前 复壮后

第5株（共6株）

复壮前

复壮后

第6株（共6株）

广西·桂林

案例十五：广西壮族自治区桂林市植物研究所古树复壮

管理单位：桂林市植物研究所
古树树种：香樟
树龄：约120年
生长地：桂林市植物研究所
救护时间：2019年5月
救护方案设计：国光古树名木保护研究所
施工技术指导：国光树博士复壮救护专业队

古树基本情况：

    周边有建筑垃圾石头、砖块等杂物长期堆放，造成土壤板结，引起古树根系生长不良。植株长势较弱部分出现干枯枝条，枝条和叶片稀疏、叶片偏黄，发现有白蚁危害。

救护流程及经过：

    先对衰弱古树建档、编号、照相、挂牌，编制针对性的保护方案，根据方案对树体进行补充营养、松土、修剪、施肥、促根、防病、防治白蚁、修补树洞的救护措施。

救护复壮结果：

    通过科学合理的保护施工，两个月后树体长出了较多枝叶，树势得到良好恢复，经过一年半的持续养护后观察树体长势良好。

复壮前

复壮后（两个半月）　　　　　　　　　　　　　　　　复壮后（一年半）

案例十六：江苏省苏州市荷花公园银杏树主干防水防腐处理

江苏·苏州

管理单位：苏州市苏州工业园区斜塘市政园林局

树种：银杏树

树龄：约80年

生长地：苏州市荷花公园

救护时间：2020年5月

救护方案设计：国光古树名木保护研究所

施工技术指导：国光树博士复壮救护专业队

树木基本情况：

　　银杏树长势尚可，但主干腐烂颇为严重，前期采用泥巴裹树方法，对腐烂的部位进行了简易处理，但效果不佳，树体主干继续腐烂。

救护流程及经过：

　　荷花公园内部种植有大量银杏树，但这些银杏树整体主干腐烂颇为严重，容易倒伏，加上公园内部人流量较大，存在较高的安全风险。2020年4月，斜塘市政园林局特邀请国光对园区内3棵银杏树主干进行防腐处理。

救护复壮结果：

　　通过主干清腐、杀虫杀菌、专业防腐防水等措施，有效地保护了树干，避免了枝干的继续腐烂，救护工作得到了斜塘市政园林局和当地居民的认可，为这些大树持续健康生长奠定了良好的基础。

修复前

48

修复后

浙江·嘉兴

案例十七：浙江省舟山市古香樟保护

管理单位：舟山市定海区园林管理处
古树树种：香樟
树龄：不详
复壮时间：2021年11月
生长地：舟山市定海区
救护方案设计：国光古树名木保护研究所
施工技术指导：国光树博士复壮救护专业队

古树基本情况：

　　古树主干有很大的树洞，用砖瓦石块及水泥堵洞，顶部有枯枝，长势较弱，叶片整体偏黄，大部分枝干无新叶萌发。根部土壤板结，透水透气性差。

救护流程及经过：

　　与管理方的沟通协调后，主要做了顶部和主干的树洞防腐修补，以及根部复壮和主干部杀虫杀菌防腐等处理。

救护复壮结果：

　　复壮三个多月后观察，新叶萌发多，无病虫害，枝繁叶茂、长势良好，复壮效果得到了管理单位的认可。

复壮前

江苏·宿迁

案例十八：江苏省宿迁市马陵公园流苏复壮

复壮前

管理单位：宿迁市马陵公园景区管理处
树木名称：流苏
树龄：70年
生长地：宿迁市马陵公园
救护时间：2020年3月
救护方案设计：国光古树名木保护研究所
施工技术指导：国光树博士复壮救护专业队

树木基本情况：

这棵流苏是在宿迁市抗日战争纪念碑修建后栽植的。这棵树默默无闻地守护在烈士纪念碑前，绽放着它最精彩的一面。此树长势较弱，叶片较小。主干部分木质部裸露在外部，主干有蛀干害虫危害。树池较小，下部安装有排水系统。

救护流程及经过：

国光从2020年12月份开始进行古树调查，于2021年3月份开始准备复壮救护事宜，前后与管理单位进行了多次沟通和商量，最终确定了实施方案。

救护复壮结果：

复壮后树木长势稳定。这株流苏树虽然不是古树，但只有加强保护，使其健康生长才可能成为古树。目前很多地方都把这类大树纳入了"后备古树资源"进行建档入册，并实施重点养护或保护。

复壮后

复壮后

-53-

北京·圆明园

案例十九：北京市圆明园大柳树树洞修补

管理单位：圆明园景区管理处
树种名称：柳树
树龄：约70年
生长地：圆明园内101中学操场旁
救护时间：2020年10月
救护方案设计：国光古树名木保护研究所
施工技术指导：国光树博士复壮救护专业队

树木基本情况：

　　此棵大柳树位于圆明园内，且处于交通要道旁，往来游客很多。树体主干完全中空，存在安全隐患，并且树体空洞裸露，美观性差。加上园区的天牛危害较为严重，每年都有部分树体因为天牛危害而出现问题，所以管理部门想找一个技术能力强的公司，做一个树洞修补样板。

救护流程及经过：

　　此次修补是圆明园第一次进行这种大型树洞的精细修补，以前常规的处理方式都是用水泥修补，易开裂脱落。国光采用了新型材料进行仿真修补，在修补前对洞壁进行了防水防腐处理，通过杀虫杀菌、防水防腐、树洞支撑、表面仿真，达到了较高的仿真效果，效果远好于水泥修补。

救护复壮结果：

　　圆明园景区管理处认可了国光的修补效果和专业的修补流程，表示愿意继续合作。

修复前

修复后

苏州·宜兴

案例二十：江苏省宜兴市桂花树复壮

管理单位：宜兴市住房城乡建设局
古树树种：桂花树
树龄：100多年
生长地：宜兴市文化广场
救护时间：2021年4月
救护方案设计：国光古树名木保护研究所
施工技术指导：国光树博士复壮救护专业队

古树基本情况：

　　2020年6月进行现状调查，发现此树长势偏弱，顶梢主干大面积干枯死亡，只有部分小枝成活，且蛀干害虫危害颇为严重。叶片发黄，且较小。树池较大但不利于排水，未安装排水系统。

救护流程及经过：

　　宜兴市住房城乡建设局为了更好地保护好这棵桂花树，特向上级申请对古树进行保护，经过多方的努力沟通，终于在2021年4月开始对这棵桂花树进行全面救护。

救护复壮结果：

　　此次复壮工作得到了管理单位的认可。这株树长势很衰弱，在复壮保护后树势基本稳定。

复壮后

案例二十一：福建省厦门市糖厂小区
古黄连木树洞修复

福建·厦门

管理单位：厦门市集美区园林局

古树树种：黄连木

树龄：约100年

生长地：厦门市糖厂小区

救护时间：2020年3月

救护方案设计：国光古树名木保护研究所

施工技术指导：国光树博士复壮救护专业队

古树基本情况：

此树位于福建省厦门市糖厂小区内，属于当地重点保护古树。树体的生长范围极为有限，特别是生长空间极其狭小。树体严重倾斜，但未进行支撑，加上长年累月未经养护，导致主干中空，树体的安全系数较低。

救护流程及经过：

此树因病虫威胁，导致树体出现多处空洞，其中大型空洞共有5处。因为是一棵古树，且生长地在小区要道上，加上树体的安全系数较低，所以集美区园林局计划对此树进行修复。此次修复是一次试点，还有7棵同样情况的古树需做此修复处理。

救护复壮结果：

厦门市集美区园林局对此次修复工作非常满意，并且在未验收前就已计划将剩余的7棵同样情况的古树交予国光进行修复，并且希望国光对他们进行树洞修复方面的专门培训。

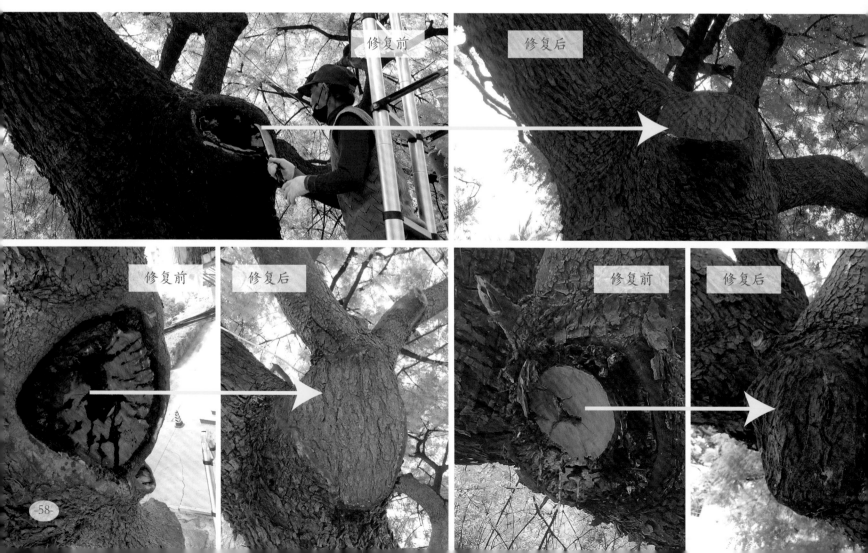

修复前　修复后

修复前　修复后

修复前　修复后

-59-

案例二十二：
贵州省贵阳市
清镇古银杏复壮

管理单位：贵阳市清镇园林局

古树树种：银杏

树龄：约300年

生长地：贵阳市清镇巢凤寺古银杏

救护时间：2021年6月

救护方案设计：国光古树名木保护研究所

施工技术指导：国光树博士复壮救护专业队

古树基本情况：

此古树在近两年进行过移栽，移栽后树体开始大量落叶，落叶后树体叶芽较小且大量芽孢也不能发出，导致树体极其衰弱。后经调查发现树体的土球在移栽后埋得特别深，且回填的是黄黏土，导致根系呼吸不畅，无法正常生长，全在原土球盘根。

救护流程及经过：

古树所在地是安置房项目的规划用地，但因移植操作不规范，导致移植后生长衰弱。清镇园林局找到国光希望及时进行抢救，国光根据实际情况，紧急制订了保护方案，管理方前后组织了 4 次专家会诊及 6 次方案审定会，最终敲定了复壮方案，并于 2021 年 6 月进行了救护。

救护复壮结果：

此古树树体已经基本恢复长势，未经萌发的叶芽也在缓慢长叶。清镇园林局对此非常满意。后期，管理方还应加强养护，方能完全恢复树势。

案例二十三：江苏省南京市栖霞区古银杏树复壮

管理单位：南京市栖霞区园林局
古树树种：银杏
树龄：100多年
生长地：南京市栖霞区五棵松公交站
救护时间：2021年3月
救护方案设计：国光古树名木保护研究所
施工技术指导：国光树博士复壮救护专业队

古树基本情况：

  这株古银杏树生长于南京市栖霞区五棵松公交站旁边，处于道路中间隔离带，长势很弱。树型类似朝天伸开的"手掌"。主干腐朽较为严重，前期采用泡沫胶及腻子粉对缺失树洞进行填充及修补，但效果欠佳，树洞内部木质部腐烂较为严重。复壮时下挖发现树盘内有较多的因道路建设留下的水泥沥青等异物，这是导致树势衰弱的重要原因，且树体根系生长空间较小，道路占据了大半面积，主干紧靠路牙石生长。

救护流程及经过：

  2020年6月，受栖霞区园林局邀请国光进行现场调查及洽谈古树保护业务。2021年2月28日再次受栖霞区园林局邀请，对古树做最终的调查，并确认古树复壮方案。

救护复壮结果：

  栖霞区园林局对于此树的复壮效果非常认可。后期还应其要求进行了仿真树皮的粘贴及树体表面美化。

复壮前

复壮后

苏州·徐州

案例二十四：江苏省徐州市睢宁县古槐树复壮

管理单位：徐州市睢宁县园林局
古树树种：国槐
树龄：373年
生长地：徐州市睢宁县
救护时间：2021年4月
救护方案设计：国光古树名木保护研究所
施工技术指导：国光树博士复壮救护专业队

古树基本情况：

2020年睢宁县进行城乡规划，对古槐树生长地周边进行了拆迁。县园林局为了更好地保留这棵古槐树，特将原有道路重新进行了规划设计，将古槐树预留到马路中间隔离带，并预留出较大的空间保证其生长。县园林局考虑到古槐树生长在较为显眼的地带，缺失一半树皮会显得古树保护力度不够，特邀请相关专家对古树进行保护。

国光于2021年3月进行实地调查，发现古槐树长势衰弱，叶片较小，并伴有蚜虫危害。主干缺失一半以上，只剩一层树皮维持整体生长。主干严重倾斜生长，新萌发枝条较少。

救护流程及经过：

2021年3月，国光联合徐州市好园丁经销商，共同开展了古树保护复壮工程，国光全程负责技术指导。

救护复壮结果：

由于当地管理部门的重视，加上国光的精心施工，此次救护工作十分成功，有效地保护了这株衰弱的古树。

案例二十五：四川省都江堰市离堆公园
清溪园景区古桂花树救护

修复前

管理单位：都江堰市都江堰景区管理处

树木名称：桂花树

树龄：不详

生长地：离堆公园清溪园景区

救护时间：2019年10月

救护方案设计：国光古树名木保护研究所

施工技术指导：国光树博士复壮救护专业队

树木基本情况：

　　离堆公园清溪园景区内一株桂花树树龄较大，俗称"桂花王"。古树由于所处位置较低，在救护前管理单位曾对其做过复壮救护处理，但效果不理想，叶色淡绿，每年萌发新芽较少，呈重度衰弱的趋势。

救护流程及经过：

　　为了救护景区内唯一一株古桂花树，国光技术人员详细了解树木生长现状，取样检查根系，从立地环境、根系状况、水土情况等方面进行综合研判，有针对性地编写古树救护方案，并顺利通过专家评审。

救护复壮结果：

　　此次离堆公园清溪园景区内的"桂花王"的救治工作十分成功。古树在救治之后整体状况有了较大程度的改善，树冠在2020年春季萌发了较多的新芽，叶色也恢复正常，树势显著变好。通过科学的复壮，很好地救治了古树，为游客保留下了一道亮丽的风景。

复两年后

四川·都江堰

案例二十六：四川省都江堰市青城外山普照寺景区古红豆杉救护

管理单位：都江堰市都江堰景区管理处
古树名称：红豆杉
树龄：不详
生长地：青城外山普照寺景区
救护时间：2019年11月
救护方案设计：国光古树名木保护研究所
施工技术指导：国光树博士复壮救护专业队

古树基本情况：

此树所处地势低洼，根系容易积水，周边环境较差，生长空间受限，树冠萌发新芽能力差，枯枝较多，整个树体呈现出重度衰弱状态。

救护流程及经过：

国光古树所通过实地调查，详细了解和观察了树木现状，根据树体长势、立地环境、根系判断等方面进行综合推断，编写古树保护方案，并顺利通过专家评审，开展了系统性的救护复壮施工。

救护复壮结果：

在复壮近半年后，树势得到明显恢复。此次救治复壮工作得到了景区管理处的好评。第二年树冠枝条萌芽能力强，新生叶萌发较多，脱离了濒危的状态。通过科学的复壮，古树得到了有效的救治。

救护前

救护后

案例二十七：湖南省长沙市市政道路
红花继木古桩防腐修复

管理单位：长沙市市政管理处
古树名称：红花继木
树龄：不详
生长地：长沙市
救护时间：2019年7月
救护方案设计：国光古树名木保护研究所
施工技术指导：国光树博士复壮救护专业队

古树基本情况：

　　该红花继木的古桩枝干崎岖、姿态优美，是所在道路上绿化景点的点睛之笔。由于长期生长在路边，在为市容增加光彩的同时也存在比较严重的问题，树干上出现了较大程度的空洞腐朽状况，需要进行防腐保护，否则树干易折断。

救护流程及经过：

　　由于古桩木质部腐朽空洞严重，极有可能影响到古树的整体长势。鉴于该情况，为了更好地保护红花继木古桩，国光所采取了枝干防腐措施，防止枝干继续腐烂。

救护复壮结果：

　　通过清腐、防腐、防水、伤口保护等一系列的工程措施，古树的面貌焕然一新。古树枝干问题是高发多发的常见问题，应及早保护处理，避免腐烂严重导致枝干折断等不可逆事故的发生。

修复

修复后

江苏·南京

案例二十八：江苏省南京市旧清真寺
侧柏复壮

复壮前

管理单位：南京市园林局
古树树种：圆柏
树龄：200多年
生长地：南京市旧清真寺
救护时间：2020年10月
救护方案设计：国光古树名木保护研究所
施工技术指导：国光树博士复壮救护专业队

古树基本情况：

　　这棵古树生长于南京市旧清真寺内主殿台阶旁边，长势较弱。主干笔直，一级枝条较多，顶梢有部分干枯枝条，下部树池较小，地表被水泥地面覆盖，且树池内种植石蒜。

救护流程及经过：

　　2020年10月，受南京市园林局邀请，国光技术人员到现场调查，提出保护意见和建议并有针对性地制订了保护方案，得到了南京市园林局的认可，于2020年10月17日进行了保护施工。

救护复壮结果：

　　此次救护工作很成功，得到了南京市园林局、城市管理局的高度认可。通过科学的救护，很好地保护了古树，为当地居民保留了一处历史见证者，得到了市民的肯定和赞扬。

复壮后

复壮后

四川·都江堰

案例二十九：四川省都江堰市玉垒山景区古楠木复壮保护

管理单位：都江堰市都江堰景区管理局
古树树种：桢楠
树龄：约800年
生长地：都江堰市玉垒山景区
救护时间：2020年12月
救护方案设计：国光古树名木保护研究所
施工技术指导：国光树博士复壮救护专业队

古树基本情况：

此树属于国家一级古树，具有重要的历史、文化和旅游价值。古树高约15m，树干中上部树皮约1/3面积脱落，对应部分的树冠出现了枝条萎蔫、新叶较少等衰弱迹象。

救护流程及经过：

2020年下半年，国光技术人员联合都江堰片区技术团队对该古楠木进行了调查，根据实际调查结果制订古树修复方案，方案经过相关专家审批之后，2020年12月国光技术团队开始对该古楠木进行复壮救护工作。

救护复壮结果：

这次复壮救护工作使这棵古树的生长环境和长势得到很好的改善，都江堰景区管理局对这次复壮工作十分认可。

桢楠 zhen nan
Phoebe zhennan S.
【编号】51018110339
【科属】樟科楠木属
【树龄】800年
【类别】古树
【保护等级】一级
【简介】常绿大乔木，为我国特有，是驰名中外的贵用材树种。四川有天然分布，是组成常绿阔叶林的主要树种。又是著名的庭园观赏和城市绿化树种。
成都市人民政府 2020年4月制
联系电话 028-61884522

复壮前

壮后

案例三十：广东省佛山市大叶榕抢救

管理单位：佛山市园林局
古树树种：大叶榕
树龄：100多年
生长地：佛山市龙门社区
救护时间：2022年3月
救护方案设计：国光古树名木保护研究所
施工技术指导：国光树博士复壮救护专业队

古树木基本情况：

龙门社区的大叶榕长势濒危，整体枝干干枯死亡，仅一侧一根枝条存活，需要紧急抢救。

救护流程及经过：

2022年3月9日，国光技术人员查看现场，并联系佛山市园林局主要负责人针对大叶榕濒危抢救事宜进行现场协商。佛山市园林局要求对干枯枝条进行整体截枝，只需要保留树桩即可。经佛山市园林局同意后进行施工，尽可能抢救唯一活着的枝条。

救护复壮结果：

此次救护工作得到了管理单位的认可。通过多种措施的救护，降低了古树对周围环境的安全隐患，保护了仅存的一枝，挽救了古树，得到了当地村民的赞扬，保留了人们心中对古树的乡愁记忆。

复壮后

案例三十一：江苏省南京市新清真寺圆柏复壮

江苏·南京

管理单位：南京市园林局
古树树种：圆柏
树龄：450多年
生长地：南京市新清真寺
救护时间：2020年10月
救护方案设计：国光古树名木保护研究所
施工技术指导：国光树博士复壮救护专业队

古树基本情况：

这棵圆柏树生长于南京市新清真寺内主殿旁，处于主殿台阶旁边，长势较弱。树形似"一颗心"，从远处看很漂亮。顶梢遭受雷劈干枯死亡，下部树池较小，树体生长空间较差。新建寺庙时又抬高了整体地基，致使圆柏树处于低洼深井内生长。

救护流程及经过：

2020年10月受南京市园林局邀请国光进行现场调查，双方对救护方案进行沟通交流后，国光于2020年10月17日进行保护施工。

救护复壮结果：

南京市园林局、城市管理局对此次救护工作十分认可。通过科学的救护，保护了古树，为当地居民保留下了一棵活文物，留住了历史文化的见证者。

复壮前

复壮后

案例三十二：四川省宜宾市兴文县古银杏树复壮保护

复壮前

管理单位：宜宾市兴文县园林所

古树树种：银杏

树龄：约140年

生长地：宜宾市兴文县石海广场的前右侧

救护时间：2021年6月

救护方案设计：国光古树名木保护研究所

施工技术指导：国光树博士复壮救护专业队

古树基本情况：

　　古银杏树位于兴文县石海广场的前右侧，是非常有文化意义和历史价值的一棵古树。此树复壮前的长势一般，树干裂皮严重，大面积树皮坏死，木质部腐朽严重，严重影响树体支撑性；树池太小，严重影响根系的生长，栽植花草影响根系透水透气。

救护流程及经过：

　　兴文县园林所为了更好地保护好这株古银杏树，特邀请国光技术团队处理救护及保护事宜，国光制订了有针对性的实施方案，对此树进行了全方位的保护。

救护复壮结果：

　　此次救护工作十分成功，得到兴文县园林所和市民的认可，当地群众反映这棵古树比以往明显长得更好。

银杏 yin xing
Ginkgo biloba, Linn.
【编号】51152800001
【科属】银杏科
【树龄】140
【类别】古树
【保护等级】三级
【简介】银杏出现在几亿年前，是第四纪冰川运动后遗留下来的裸子植物中的孑遗植物，现存活在世的银杏稀少而分散，上百岁的老树已不多见，和它同龄的所有其他植物皆已灭绝，所以银杏又有活化石的美称。
兴文县人民政府 2019年12月制
联系电话0831-8834650

复壮后

四川·都江堰

案例三十三：四川省都江堰市二王庙景区千年楠木复壮保护

管理单位：都江堰市都江堰景区管理处

古树树种：桢楠

树龄：约1000年

生长地：都江堰市二王庙景区门口左侧

救护时间：2020年12月17日

救护方案设计：国光古树名木保护研究所

施工技术指导：国光树博士复壮救护专业队

古树基本情况：

二王庙景区门口左侧的千年楠木由于立地条件等原因的限制，导致古树长势呈现衰退迹象，表现为新生叶片较少、枝叶稀疏、叶色淡绿、立地环境差、根系生长空间有限等。

救护流程及经过：

管理单位在2020年年中邀请国光对该古树进行现场调查，国光技术人员在了解了具体情况之后根据古树现在的生长状况，分析古树出现问题的原因，并根据实际调查结果制订复壮救治方案。该方案得到了相关专家的审核，复壮救治工程于2020年秋冬季开始施工，并顺利完成。

救护复壮结果：

此次古楠木的救治工作取得了初步成功。古树长势在救治之后整体状况有了较大程度的改善，枝条萌芽能力强，在较短时间内长出了部分新枝，叶色明显更绿，古树开始焕发出年轻活力。复壮效果得到了景区管理处的认可。

复壮前

复壮后

案例三十四：浙江省杭州市千年黄杨复壮

浙江·杭州

管理单位：杭州市余杭区仓前街道办事处
古树树种：小叶黄杨
树龄：约1000年
复壮时间：2020年10月
生长地：杭州市余杭区仓前街道办事处
救护方案设计：国光古树名木保护研究所
施工技术指导：国光树博士复壮救护专业队

古树基本情况：

　　此古树为千年黄杨，长势判定为衰弱株，枯枝多，新叶少，树干下部有一大块干皮坏死，木质部裸露。

救护流程及经过：

　　为了精确地掌握根系的分布状况，采用了TRU根系探测雷达检测，重新设置排水系统，采取了根部复壮、树冠整理、树干补充营养等措施。

救护复壮结果：

　　复壮十个月后，观察发现新芽萌发多，植株长势明显好转，树干裸露部位得到了很好的保护，受到了当地群众及该管理单位的高度认可。

古木问廉

黄杨并非名花珍木，却被美誉"木中君子"。它没有高大魁梧的身躯，也无招蜂引蝶的美色，它的朴实无华，传承着千年不变的刚正不阿、风清气正的廉洁品质。

浙江省古树名木保护
黄杨

案例三十五：广西壮族自治区玉林市容县珊萃中学芒果树复壮

管理单位：玉林市容县珊萃中学

古树树种：芒果树

树龄：约100年

复壮时间：2019年3月

生长地：玉林市容县珊萃中学校园内

救护方案设计：国光古树名木保护研究所

施工技术指导：国光树博士复壮救护专业队

古树基本情况：

芒果树长势很弱，树干皮层部分腐烂，树上有寄生植物危害，树穴四周硬化严重、透气性差。

救护流程及经过：

根据树的生长现状，制订了有针对性的保护方案：对根部的硬化进行破除，扩大根系生长空间，改良土壤，诱导根系生长，树干防病虫，清理寄生植物，树干整理等。

救护复壮结果：

复壮四个月后，观察发现新生叶片多、无病虫危害、树干显著丰满、长势良好，复壮效果得到了该管理单位的高度肯定和认可。

复壮前

复壮后

广西容县珊萃中学"百年校树"救护复壮现场
四川国光名木古树救护队

芒果树

四川·都江堰

案例三十六：四川省都江堰市离堆公园内柳树复壮保护

管理单位：都江堰市都江堰景区管理处

树木名称：柳树

树龄：不详

生长地：都江堰市离堆公园内

救护时间：2019年10月

救护方案设计：国光古树名木保护研究所

施工技术指导：国光树博士复壮救护专业队

树木基本情况：

离堆公园景区内湖边的柳树树冠丰满，冠型较好，是湖边景色的点缀。近年来由于树干破损严重，用水泥进行填充没有阻止树洞的继续腐烂，树洞反而越来越大，影响树体及游客安全。

救护流程及经过：

为了保护游客安全，复壮树势，景区管理处联系到国光。国光技术人员详细了解树木现状，根据树体的重心分布、填充程度及材料等方面进行研判，编写古树保护方案，并顺利通过专家评审。

救护复壮结果：

此次古柳树的救护很成功，既解决了树干的安全风险，同时古树在救治之后整体状况有了较大程度的改善，树冠枝条新老更替较快，枝条萌芽能力强，叶色浓绿。两年之后回访时发现修复部位出现的空洞完全愈合。

后回访

复壮两年后修复部位愈伤组织形成

复壮前

年后观察

案例三十七：江苏省南京市六合区
古皂角树复壮

管理单位：南京市六合区园林局

古树树种：皂角树

树龄：120多年

生长地：江苏省南京市六合区

救护时间：2021年9月19日

救护方案设计：国光古树名木保护研究所

施工技术指导：树博士复壮救护专业队

古树基本情况：

这棵皂角树立地环境较差，周边有民国时期建筑物，且最近刚进行翻修，树池下部有部分建筑遗留砖块；城市规划周边又修建商业住房，进一步压缩了皂角树生存的空间；树体高13m左右，树冠平均冠幅3.5m，胸径80cm左右；覆土较深，测量为30cm；一二级主干较多，顶端干枯枝条较多；叶片较小且发黄；树池下部种植大量狗牙根。

救护流程及经过：

2021年8月—9月之间曾两次受江苏省南京市六合区园林局邀请对现场调查及洽谈古树业务。2021年9月19日开工。

救护复壮结果：

此次救护工作十分成功，南京市六合区园林局十分认可国光的工作，同时得到城市管理局高度认可。通过科学的救护，很好地保护了古树，为当地居民保留下了一棵活文物。

四川·成都

案例三十八：四川大学华西校区银杏复壮

管理单位：四川大学华西校区后勤保障部
树木名称：银杏
树龄：不详
生长地：四川大学华西校区荷花池
救护时间：2021年11月
救护方案设计：国光古树名木保护研究所
施工技术指导：国光树博士复壮救护专业队

树木基本情况：
　　四川大学华西校区后勤保障部发现古树长势日渐衰弱，于是找到国光古树名木保护研究所进行复壮，科学开展古树管养工作。

救护流程及经过：
　　国光技术人员通过现场考察后，制订详细救护方案，方案经过评审修订后对树体进行保护施工。

救护复壮结果：
　　目前古银杏枝叶刚刚萌发，国光技术人员密切关注，随时与该管理单位养护人员做好沟通，不定时到现场进行查看，发现问题及时处理，为古树提供良好的生长环境。

江苏·南京

案例三十九：江苏省南京市卡子门古银杏复壮

管理单位：南京城南园林绿化有限公司
古树名称：银杏
古树树种：约120年
生长地：南京卡子门地铁站
救护时间：2020年4月
救护方案设计：国光古树名木保护研究所
施工技术指导：国光树博士复壮救护专业队

古树基本情况：

　　此树位于南京市卡子门地铁站附近，据悉此树是从夫子庙景区移栽而来，移栽时间有 1 年多，但因树体前期长势较差，因此未进行相应的二次移栽。整个树干空腐严重，并且上部有过截头，截头处腐朽严重，已经形成空洞。前期养护单位进行过一次树洞修补加固，内嵌钢筋支撑，后期浇筑水泥。为了尽量不影响树体支撑，所以未进行拆除，仅将周边区域进行了清腐防腐处理。

救护流程及经过：

　　此树为古树，树体生长不良急需进行救护，当地管理部门针对古树情况委托国光进行相应的复壮处理。此树为移栽树，前期长势和环境条件较差，因此后期需进行相应改善，以便能更好地进行保护。采取了以下几项救护措施：加固树体支撑，减缓树体腐烂及空洞情况，增强树势。

救护复壮结果：

　　通过复壮救护后树势恢复明显，管理单位对于此树的复壮效果非常认可。后期还应管理单位要求进行了仿真树皮的粘贴及树体表面美化。

第二章
国光古树名木移植养护案例

移植古树就是移植生命 珍惜古树就是珍惜生命

　　特殊情况下的古树移植养护就要像医生、护士那样运用医学原理，像对待手术病人一样，对移植古树名木进行体检、对症施策、输液打针、伤口消毒、敷药包扎、切枝、植皮、搭配营养、补充水分，还需遵循收支平衡原理和近似生境原理。

案例就是国光移植技术的证明
移植技术好不好，看看移植后的表现就知道

采用移植新技术，使用移植新产品，移植成活是根本

　　国光之所以倾心研究古树名木移植技术，研发古树名木移植养护品，编写古树名木移植技术资料，一是因为我们看见许多活生生的古树名木因不科学移植而死去；二是因为当前缺乏古树名木移植技术，在移植操作过程中不讲科学、不讲技术、不重视细节，造成古树名木移植失败，太可惜！以情而动编写资料，目的就是为了给古树名木移植献"技"献策，帮助提高移植成活率。

　　我们不主张移植古树名木，若特殊情况需移植古树，要讲科学、讲技术。移植方案要有论证，要细化，要策划到每个细节，责任落实到每个人，让每个人知道细节决定成活，科学决定成活，新技术新方法提高成活率。预处理、起挖、包装、吊运、挖穴、移植各个环节要环环相扣，要有现场监督和技术指导人员，要有预案，要选择适宜气候进行，做好充足准备（包括专用器具、器材、药品等）。

　　这里特别要注意的是移植古树就是移植生命，珍惜古树就是珍惜生命。移植养护古树名木就要像医生、护士那样运用医学原理，对移植名木古树进行体检、对症施策、输液打针、伤口消毒清腐、敷药包扎、切枝、植皮、搭配营养、补充水分，还需遵循收支平衡原理和近似生境原理。

古树移植应遵循PDCA原则：
　　策划(P)——移栽前调查研究精细策划出具体实施方案；
　　实施(D)——组织技术人员精心施工，注重过程和细节；
　　检查(C)——加强过程检查和过程监督执行及现场提醒；
　　改进(A)——总结每次失败教训和成功经验，下次改进。

长成古树多少年？挖装运栽有多难？

观念是资源，意识是资本，爱树不要爱死

生命观，爱心、同情心，历史文化旅游价值是重视移植的内在动力

移植案例一：广西壮族自治区玉林市
中医医院古朴树移植

管理单位：玉林市园林局
古树树种：朴树
树龄：115年
移植时间：2019年6月
生长地：玉林市中医医院
救护方案设计：国光古树名木保护研究所
施工技术指导：国光树博士复壮救护专业队

古树基本情况：
    该朴树位于玉林市中医医院内，树高15m，胸径1.2m，冠幅19m，古朴树树盘被水泥硬化，一侧树冠投影边缘有1.2m高坡坎。围绕树干有一直径约1.2m的圆形花台，由于花台建设时间较长，经现场勘察，初步判断树干有埋土过深现象。树体两个主枝分叉角度较大，树体重心偏移，有一个主枝上有大枝劈裂，树冠有两个枝存在槲寄生，古树整体长势基本正常，生长空间受左右并排两株树的影响较大，生长受限。树干分叉倾斜严重，安全风险大。

效果回访：
    移植后对该朴树做好精心的养护工作，三个月后树体有新叶长出，持续观察两年半，该树生长良好。管理单位高度肯定了此次移植工作，玉林市园林局领导也十分关心该古树的生长，多次到实地查看，叮嘱持续做好养护工作，以保证树体良好生长。

四川国光古树名木保护研究所——"树博士"专业队
保护好古树名木，留下历史见证者　　贺广西玉林市中医医院古树"乔迁"之喜！

山东·淄博

移植案例二：山东省淄博市火车南站广场古槐树移植

管理单位：淄博市张店区园林局
古树树种：国槐
树龄：400余年
移植时间：2019年4月
生长地：淄博市张店区火车南站
救护方案设计：国光古树名木保护研究所
施工技术指导：国光树博士复壮救护专业队

古树基本情况：

　　该树位于淄博市张店区火车南站改造工地内，树高超10m，胸围295cm，胸径94cm，基径100cm，地表围径314cm。冠高6m，冠幅：东西4m、南北12m、平均8m。树冠南北较大，树干较粗，向北有一旺盛主干。

　　老槐树的树干粗壮、笔直。枝下高2.3m，干高2m。干部较直，上部枝条弯曲，树干离地2m处腐朽严重，主干顶部有大枝枯死。因重点工程施工，需进行移植。

效果回访：

　　国光受邀到现场考察，制订移植方案，并全程负责移植施工指导，经过9天的紧张施工，克服重重困难，成功地对古树进行了移植。经过三年持续的跟踪观察，古树生长良好，移植工作得到当地民众的高度赞扬。

山东省电视台报道古树移植

鲁中晨报

新闻热线：3585000

2019年4月26日 星期五

2019山东首届国际渔具产业博览会
暨户外休闲用品展
今日开幕
地点：淄博国际会展中心D馆

山东2019夏季高考实施意见出台

净化考试环境 科目均用全国卷 录取分五批

02版

让步火车站南广场改造

400岁古槐搬家

4月24日，位于淄博火车站南广场改造片区的中杰社区内，两台吊车小心翼翼地吊起了一棵400余岁的古槐树，帮它搬家。

按照火车站南广场改造计划，这棵古槐所在的位置要建一处地下出入口。为了保住古树，淄博市决定将它原地移栽。记者 王莉莉 通讯员 朱勇 伟 摄影视语 详见04版

淄博
首例

让步车站改造

400岁古槐搬家

移植案例三：陕西省西安市长安区
东兆余村城中村古皂角树移植

管理单位：陕西森工园林绿化工程有限公司

古树树种：皂角树

树龄：约210年

移植时间：2021年4月

生长地：西安市长安区东兆余村城中村

救护方案设计：国光古树名木保护研究所

施工技术指导：国光树博士复壮救护专业队

古树基本情况：

　　古皂角树位于韦曲街道东侧的少陵塬上，原杜陵乡政府西小路边。根据实地调查，古树高度17m，胸径115cm；冠幅东西方向9.0m，南北方向9.6m。古树第一分支以下树体中空腐朽，未发现病虫危害，生长较差，因重点工程建设需要移植。

　　古树周围建筑已拆除，仅余部分土台，古树生长地点土层深厚，均为壤土，地势较平坦，挖掘方便，可以带土球移植。该树移植难度极大，树干基部有2/3都处于空洞状态。国光对树体空腐情况进行检测后，结合已有的移植技术经验，精心编制了有针对性的移植方案并指导施工，将古树成功移植约500m远。

效果回访：

　　移植后对该皂角树做好精心的养护工作，技术人员多次回访观察，该皂角树长势恢复良好，移植十分成功。

移植前

移植后

贵州·遵义

移植案例四：贵州省遵义市桐梓县县城内大转盘银杏移植

管理单位：遵义市桐梓县住房城乡建设局
古树树种：银杏
树龄：约150年
移植时间：2020年10月
生长地：遵义市桐梓县县城内大转盘
救护方案设计：国光古树名木保护研究所
施工技术指导：国光树博士复壮救护专业队

古树基本情况：

　　贵州省桐梓县县城内有一个大转盘，随着城市车辆的增多，转盘已经不适合车辆疏导，并且转盘占地较大，为了便利车辆通行，决定将转盘改为红绿灯，增大车辆的通行空间。在转盘内有一株较大规格的银杏树，为了保护这株银杏树，国光受邀为银杏的移植编制方案，技术人员在2020年10月到桐梓县进行移植工作现场指导。

效果回访：

　　移植距离约2km，需要经过5m高的限高立交桥。通过精心的移植方案设计，并在当地交管部门的配合下，成功地将古树移植到定植点，移植后管养单位对该银杏做好精心的养护工作，5个月后树体有大量新叶长出，持续观察半年该树生长良好，7个月后（2021年5月）回访观察该银杏长势恢复良好，国光还提供了后期具体的养护方案，持续关注古树的生长情况。

移植后

移植案例五：重庆市长寿经济技术开发区古黄葛树移植

管理单位：长寿区绿化委员会办公室
古树树种：黄葛树（大叶榕）
树龄：300年
移植时间：2021年10月
生长地：重庆市长寿经开区
救护方案设计：国光古树名木保护研究所
施工技术指导：国光树博士复壮救护专业队

古树基本情况：

由于重点项目建设，管理单位拟对该黄葛树进行移植，国光技术人员2021年9月—10月对该古树进行多次现场调查和移植路线考察，并有针对性地编制了移植及后期养护方案。为了对树木情况有更多的了解，对移植提供科学依据和数据，首先对古树做树干空腐检测和根系探测，以便精准指导施工操作。通过实地勘察，从移出点到定植点距离较远，接近20km，运输途中受到电线、

电杆、立交桥、交通标志牌等影响，要经过多条通要道，还要错开交通高峰期，全程历时1小时右将树体运输到定植点。

效果回访：

移植后对该黄葛树做好精心的养护工作，2年3月回访观察，该黄葛树长出了部分枝叶，国技术人员与管理人员交流后制订了后期具体护方案，为该古树正常生长保驾护航。

移植前

古树名木保护牌
编　号：00007
树　种：黄葛树
科　属：桑科榕属
树　龄：300年
保护级别：二级
养护管理负责单位：晏家街道三观村
联系方式：023-40257444
古树名木　严禁破坏
重庆市长寿区绿化委员会办公室
2020年12月

移植后

第三章

相关专利、仪器、物资、器材及养护品

工欲善其事，必先利其器

没有金刚钻　不揽瓷器活

国光投资上千万元，购进各种国内外先进古树体检仪器
就是为了科学复壮、科学移植，确保复壮移植成功

古树体检与人的体检道理是相通的，复壮救护方案的科学依据是体检

人体检查用B超、CT，树体检测也有B超、CT
人体检查用核磁共振，树体检测也有核磁共振
人体检查用胸透扫描，树体根部也用雷达扫描
人体化验，树体也化验

……

先进的古树体检仪器、专用的资材、专用的养护品

是国光承揽古树救护复壮这项"瓷器活"的金刚钻

　　古树名木保护是一项技术性很强的工作，过去没有先进的仪器进行检测和诊断，只能靠望、闻、问、切和经验来判断和实施。为了准确诊断古树名木的根系生长状况，枝干是否腐朽、有无空洞，是否需要支撑及支撑部位的选择，叶片光合作用能力、根系土壤营养状况等，为救护复壮工作提供依据，国光古树名木研究所购买了价值上千万的国际上先进的专业仪器来保证古树名木救护复壮效果，使救护复壮工作更加精准有据。

　　国光古树名木研究所还研发了大量的专用物资、器材和养护品，并获得了30多项专利，为古树名木救护、复壮、移植、养护提供了有力的技术支撑，使国光在古树名木救护、复壮、移植、养护工作中能够做到更专业、更精准、更有效。

公司上千万的投入和人才的培养是国光董事长对古树的热爱和对研究所的支持

三十多项专利是国光古树复壮研究所研究人员多年付出的成果

古树复壮移植案例是国光古树复壮专业队的功绩所在

第一节 古树名木复壮救护专利

国光古树名木保护研究所

获得国家颁发的古树复壮救护新技术、新产品专利共计31项：

第二节 古树名木复壮救护检测仪器与专业设备

用先进的仪器对古树体检，是编写技术方案的科学依据，使技术方案更加精准有效，经验丰富的专业复壮救护队为方案的实施提供有力的保障

仪器先进，还要有能熟练掌握仪器、正确使用仪器的技术人员
所以国光的技术人才才是最大的金刚钻

人治病先体检，古树复壮救护也要先体检
体检才知道问题出在哪里，这就是我们要购买仪器的缘由

光古树名木专业仪器

国光古树名木树体检测专业设备
——德国Lintab⁶树木年轮分析仪

国光古树名木保护研究所从德国引进了Lintab⁶专业版树木年轮分析系统，以便准确测定古树树龄。

用途：Lintab⁶树木年轮分析仪可以用生长锥钻取的树芯、木制样品、树木圆片等进行非常精确和稳定的年轮分析，广泛应用于古树名木树龄检测、树木年代学、生态学和城市树木存活质量研究。配备的TSAP-Win分析软件是一款功能强大的年轮研究平台，从测量到统计分析的所有步骤均由软件完成，各种图形特征及大量的数据库管理功能帮助管理年轮数据。

检测原理：精确的转轮控制配合高分辨率显微镜定位技术，使得年轮分析精确、简单、稳定，操作分析结果交由专业软件统计、分析、结果稳定，标准统一。

树龄检测操作步骤：①生长锥现场取样；②取样伤口保护处理；③树芯处理；④仪器检测分析；⑤出检测报告。

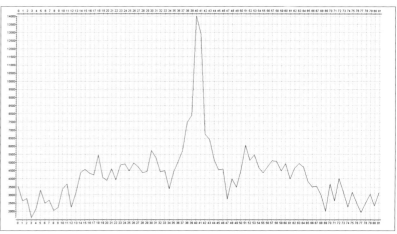

国光古树名木专业仪器

国光古树名木树体检测专业设备
——德国PICUS³ 树干横断面声波扫描仪

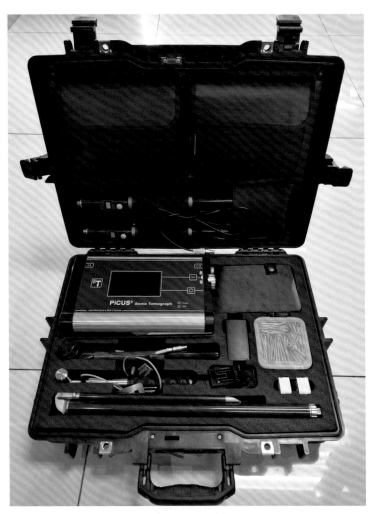

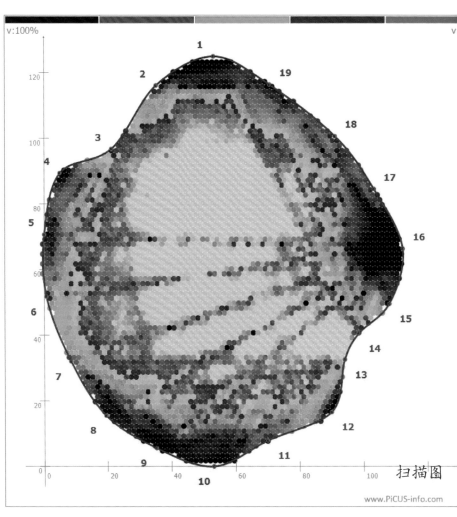

德国PICUS³ 树干横断面声波扫描仪

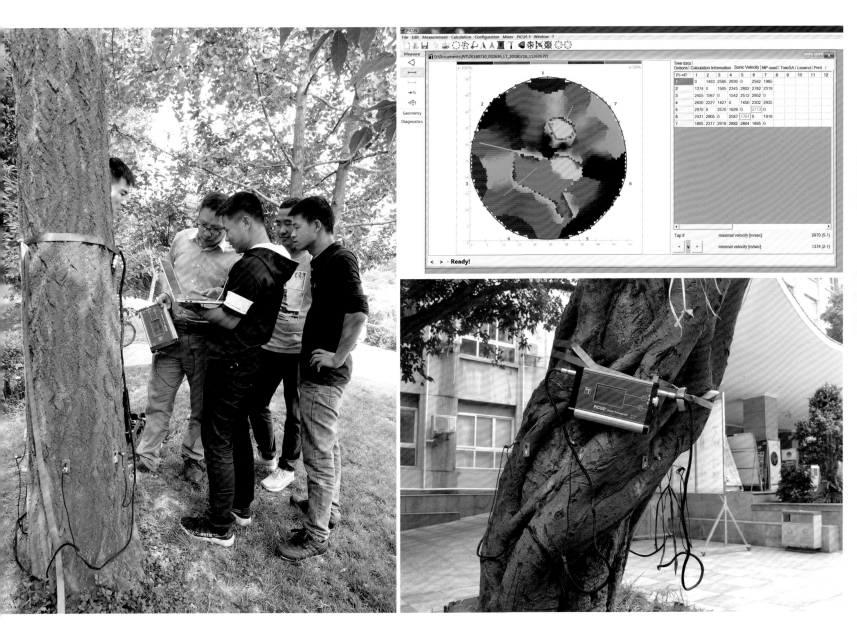

国光古树名木保护研究所技术人员为简阳市老政府大院古树进行体检

国光古树名木保护研究所技术人员为北京动物园100多棵古树进行体检（2018年10月29日）

国光古树名木专业仪器

国光古树名木树干、根系检测专业设备
——美国TRU树木雷达检测系统

数据采集

操控电脑

雷达控制单元

雷达天线

扫描拖车

树干检测

根系检测

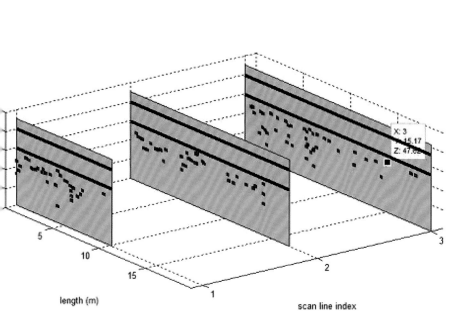

根系深度密度分布图

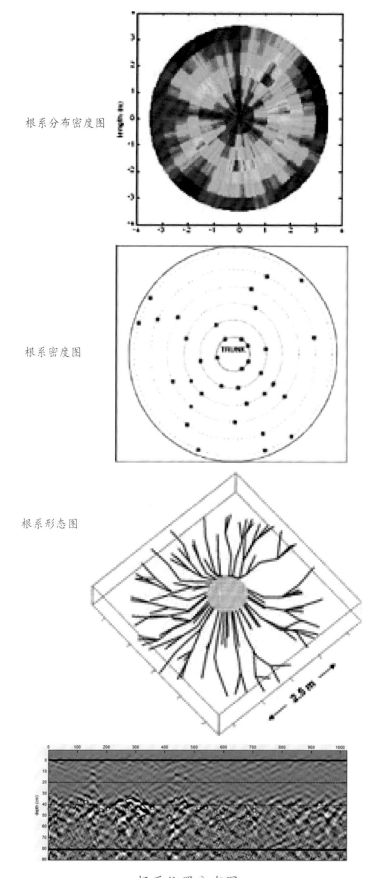

根系分布密度图

根系密度图

根系形态图

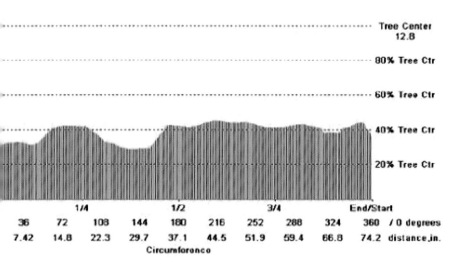

专业分析报告

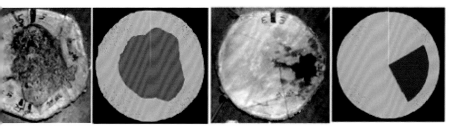

树干实际情况与分析结果

根系位置分布图

国光古树名木专业仪器

国光古树名木叶片检测专业设备
——美国进口叶绿素测定仪

可快速、无损测量植物叶片的叶绿素含量，是目前业内唯一一款可以将相对叶绿素含量（CCI）转换成实际叶绿素含量的仪器。

国光在给古树做健康状况体检时经常采用叶绿素测定仪，测定叶绿素浓度，测定结果作为评估古树名木健康状况的重要指标之一，这样有利于做出合理的复壮养护方案，更精确地做好相关的古树保护工作。曾应用于2021年北京古树名木健康体检项目中。

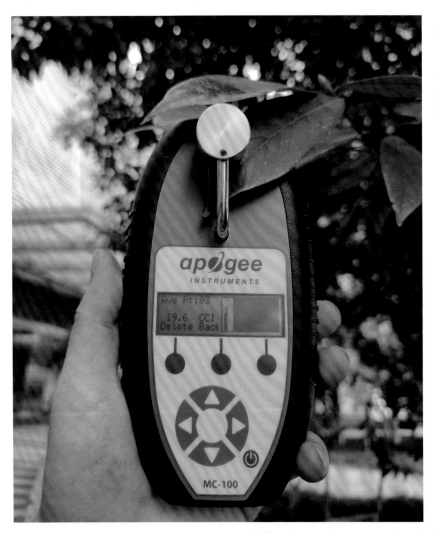

A	B	C	D
Sample	Time/Date	Units	Reading
Sample	Time/Date	Units	Reading
1	23:39:06	(Ave Pt	
			578
			557.3
		Baly	567.6
2	23:39:27	(Ave Pt	
			552.9
			564.3
		Baly	558.6
Sample	Time/Date	Units	Reading
1	23:41:01	(Ave Pt	
			45.3
			44.7
		CCI	45
2	23:42:55	(Ave Pt	
			51.6
			69.1
		CCI	60.3

叶绿素浓度检测仪小巧、便携，可由电脑直接导出数据进行分析

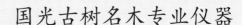

国光古树名木专业仪器

国光古树名木叶片检测专业设备
——手持式叶绿素荧光仪

采用饱和脉冲技术测量植物不同荧光参数。结合叶绿素仪测量数据对比，更加精准分析树体生长健康状态和复壮保护效果。

国光在给古树做健康状况体检时经常采用手持式叶绿素荧光仪测定光合潜能，测定结果作为评估古树名木健康状况的重要指标之一，这样有于做出合理的复壮养护方案，更精确地做好相关的古树保护工作。曾应用于2021年北京古树名木健康体检项目中。

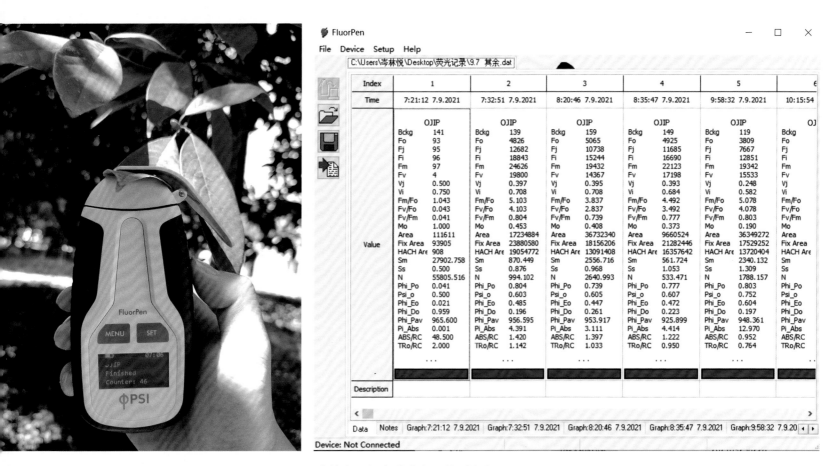

手持式叶绿素荧光仪及检测数据

国光古树名木专业仪器

国光古树名木根际土壤养分检测专业设备
——土壤养分速测仪

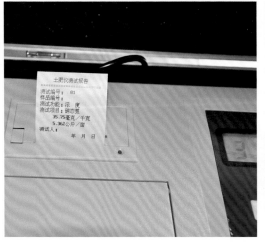

国光古树名木救护复壮专业设备
——古树生长光合作用测定仪

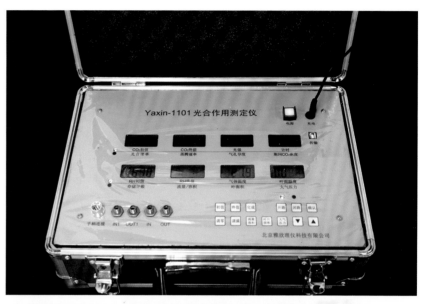

国光古树名木专业仪器

国光古树名木救护复壮专业设备
——GPS定位仪

国光古树名木保护研究所技术人员在成都新津县梨花溪为305株古梨树救护复壮前做定位调查

（用于方案编写和评估）

国光古树名木保护研究所技术人员利用GPS定位仪为四川翠云廊省级自然保护区110株古柏定位

国光古树名木专业仪器

国光古树名木救护复壮专业设备
——高压水枪

国光古树名木救护复壮专业设备
——高压风机

国光古树名木救护复壮专业设备
——高射程喷雾机(喷药机、喷叶面肥)、进口电动钻孔机

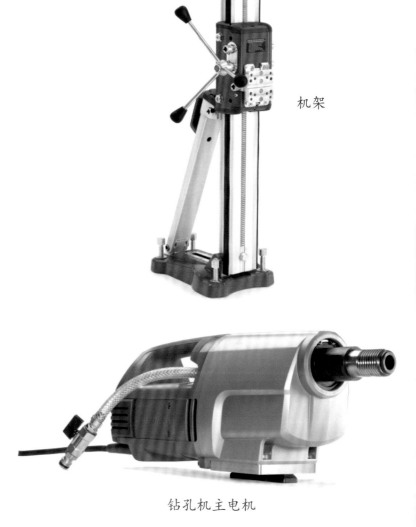

机架

钻孔机主电机

高射程喷雾机、喷药机、喷叶面肥

国光古树名木救护复壮专业设备
——高空无人喷药机和光合作用测定仪

国光古树名木专业仪器

其他仪器设备

定氮仪

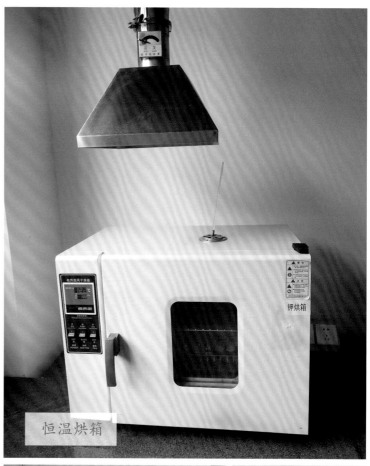

恒温烘箱

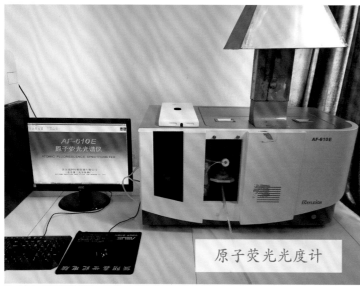

原子荧光光度计

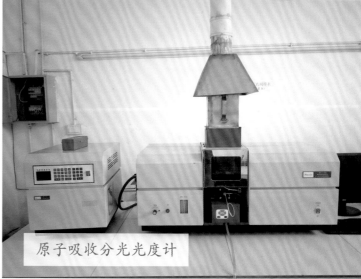

原子吸收分光光度计

国光古树名木专业仪器

化学分析室

研发室

pH计

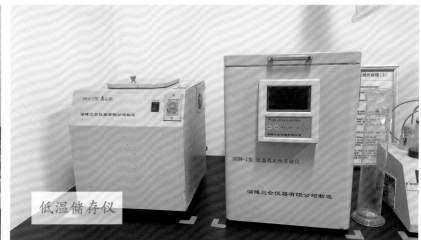

低温储存仪

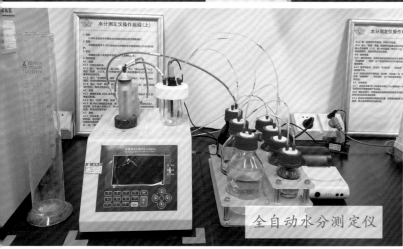

全自动水分测定仪

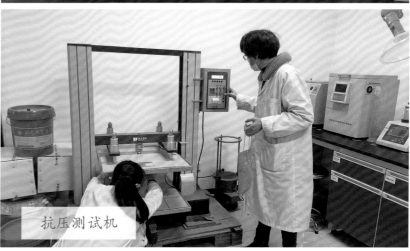

抗压测试机

第三节 古树名木救护、复壮、移植、养护专用物资、器材

古树名木树干衣——保温保湿、防寒防冻、防日灼

古树名木树干衣（液态膜）——防寒防冻、防日灼、阻隔病虫

液态膜 树干衣 一喷三防（防寒防冻、防日灼、阻隔病虫）

对古树冬季涂白，能减少病虫危害，减少枝干冻害的发生

喷射力强 黏着性好

国光古树名木专用资材

喷射液态膜，让凹缝深处全覆盖膜

白色液态膜反射阳光,可用红外测温仪测量其温差

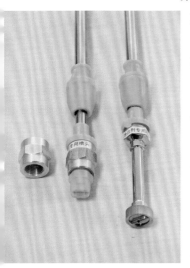

喷液态膜专用扇形喷头

120度角弯喷头

配有喷农药、肥料多个喷头

国光古树名木专用资材

透气砖

国光古树名木专用资材

古树名木救护、复壮、移植专用通气透水施肥施药管

通气管在古树名木救护、复壮与移植养护中广泛应用

管中可施肥施药

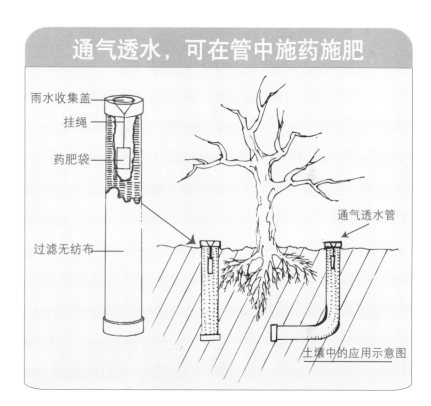

通气透水，可在管中施药施肥

雨水收集盖
挂绳
药肥袋
过滤无纺布
通气透水管
土壤中的应用示意图

国光古树名木专用资材

土球起吊网——吊装大树必备

用于起吊大树
不伤土球
不伤树干
操作简便
适合各种土质

传统用吊带吊主干易造成干皮严重损伤

中国风景园林学会园林工程分会的代表们于2012年参观土球保护网和吊装网带

麻绳裹土球易散球

用绳裹土球易变形伤根

传统草绳（麻绳）捆扎土球，费工费时，成本高，易散球

传统用吊带吊土球易造成散球

土球保护网片——吊装大树必备

安装快速，操作简便

新型大树移植板框——吊装大树必备

大树全冠移植新型板框
不伤土球、可拆卸
重复用、大小可调

可提供板框规格：

2m×2m   2m×3m

3m×3m   4m×4m

国光古树名木专用资材

古树名木救护、复壮、移植专用可移动滴灌袋

国光滴滴宝

注水操作方便，能较长时间持续稳定滴灌，管口不易堵，节水省工，可移动，可反复使用，与环境协调美观

容积:25L

节约用水量90%
节约浇水人工90%

国光古树名木专用资材

古树名木救护、复壮、移植专用可移动滴灌袋

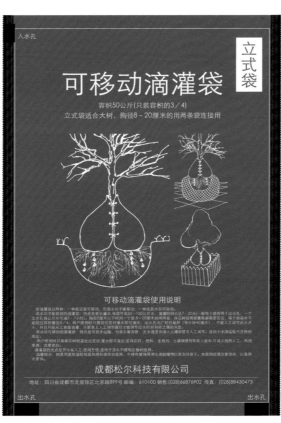

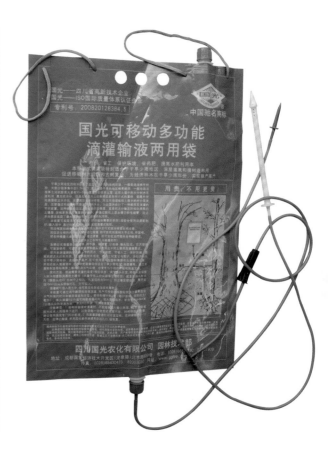

适用于假植、裸植、容器植、长途运输及干旱地区古树名木养护

国光古树名木专用资材

古树名木救护、复壮、移植专用吊装保护板

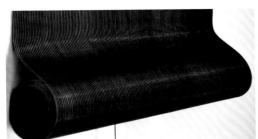

专用吊装保护垫

防止起吊过程中树皮受到横绕和纵向隐形损伤。具有安装灵活快速、操作简便、保护效果好等特点。

对于胸径超过20cm的大树，土球保护板配合土球起吊网使用

国光古树名木专用资材

古树名木救护、复壮、移植专用钢箍支撑座
——铆接式、焊接式、螺栓连接式

钢管地面支座

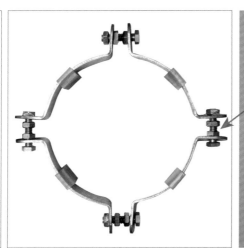

连接套与钢管连接示意图

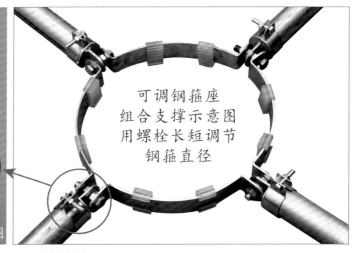

可调钢箍座
组合支撑示意图
用螺栓长短调节
钢箍直径

接触软垫

扎带

软垫

橡胶软垫，保护树木不受损伤

国光古树名木专用资材

古树名木救护、复壮、移植专用钢箍支撑座
——铆接式、焊接式、螺栓连接式

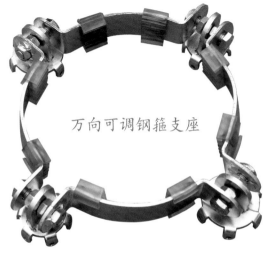

万向可调钢箍支座

铆接式

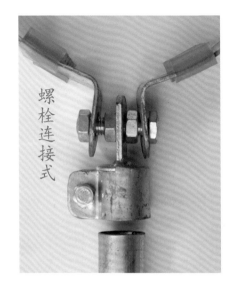

螺栓连接式

焊接式

国光古树名木专用资材

弹性支撑座及车载运输可调支座

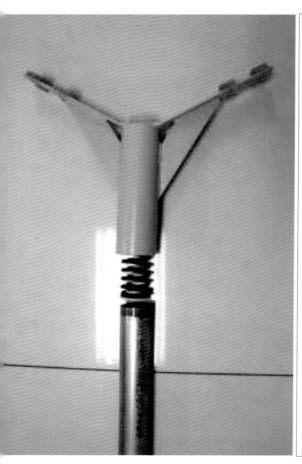

树木弹性支撑座

树木运输可调树干支撑座
（车载运输支撑树干用）

国光古树名木专用资材

古树名木救护、复壮、移植专用支撑座

定向支座

定向支座

平置支撑杆支座

方形支撑杆地面
插入支座

通用型支撑杆地面
插入支座

圆形支撑杆地面
插入支座

圆形支撑座

地面圆形四方支架

通用型支撑座

方形支撑座

铁丝捆绑垫保护树体

国光古树名木专用资材

仿真树皮

国光仿真修复处理后效果

树木防虫防腐剂

国光古树名木专用资材

树木修复专用填缝新材料

国光古树名木专用资材

木材专用防腐剂

第四节　古树名木复壮救护专用养护品

古树复壮救护专用包

国光古树名木保护研究所研制
（一树一方案，救护包与方案对应）

根据体检、体量、体质、树龄、测土、测叶、化验等数据为方案设计依据，对症施策，识病、识虫、适时、适法防治
救护包的设计是一树一方案，专门用于古树复壮救护，它是救护技术效果保证的关键。

对古树的救护复壮要像医生对待老年病人一样

什么是金刚钻？
——技术+经验+案例+专业检测仪器+专用器材+专用复壮包+专利+研究所+复壮救护专业队

什么叫古树名木复壮救护与移植养护专业队？
专业队＝理论+技术+方案+案例+经验+体检仪器+专用资材+专用药品+行业口碑的复壮救护专业施工团队

国光古树名木保护研究所研制的专用复壮救护包
（一树一方案，救护包与方案对应）

1. 古树根系复壮包　　2. 古树复壮促芽包　　3. 古树抗逆调控包　　4. 古树树洞填充料包　　5. 古树树洞防腐保护包
6. 古树伤口保护包　　7. 古树营养健壮包　　8. 古树病害防治包　　9. 古树虫害防治包　　10. 古树土壤改良修复包

国光古树名木专用品

促进古树名木发新根，增强根系活力专用品

国光古树名木保护研究所研制，国光古树名木救护复壮专业队专用

移栽定植前喷施土球

国光古树根系复壮包

重点喷根切口

使用效果

新生根

国光古树名木专用品

古树名木救护复壮移植专用撒施型促生根剂

水分散粒剂

国光撒施型生根剂——撒根生™

国光古树根系复壮包

国光古树名木保护研究所人员观察撒生根的效果

试验目的：
作物及生长阶段：撒根生
试验药品及用法：
使用浓度：3g/株　　药品来源：四川国光
施用时间：2012.5.31　观察时间：2012.7.2
试验人员及电话：

国光把质量和品牌建在用户心中

对照　　　　　　　用撒根生

使用国光撒根生一个月后生根效果明显

维持古树名木树体收支平衡专用品(树体输液用)

四川省凉山州军分区应用案例

国光古树名木专用品

国光为古树名木救护复壮移植树
提供生长动力，恢复树势研制的专用品——树动力

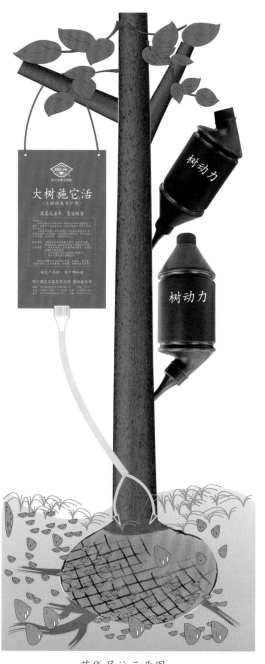

药袋吊注示意图

作用及特点：

　　给树体补充生长动力活性物质，能激活植物细胞的活性，加快植物细胞原生质的流动，打破芽的休眠，促进树体快速发芽；能调转树体内养分的再分配，加速疏导组织的运输速度，使生长点(枝尖端组织)活性增强，新芽长势健壮；同时，该产品在使用上缩短了"库"与"源"的距离，物质在体内的运输耗能少，能快速、有效地补充大树枝叶生长所需的养分和水分，环保高效，被誉为"城市绿色环保的先锋"。对古树名木救护复壮和移栽促成活效果明显。本输液插瓶是国光根据人体输液原理而发明的可多次使用的输液插瓶，具有使用方便(可两用)、节约水肥和利用率高等特点。

　　用法及用量：

　　1. 呈45°角钻孔，孔深5~6cm，孔径6~8mm。

　　2. 旋下其中一个瓶盖，刺破封口，换上插头，旋紧后将插头紧插在孔中，然后旋下另外一个瓶盖，刺破封口后旋上(调节松紧控制流速)，一般情况下，胸径8~10cm的大树插1瓶，胸径大于10cm以上的大树一般插2~4瓶，尽量插在树干上部(插在主干和一级主枝分叉处下方，也可在每根一级主枝上插1瓶)。首次用完后的加液量一般根据树体需求和恢复情况决定。

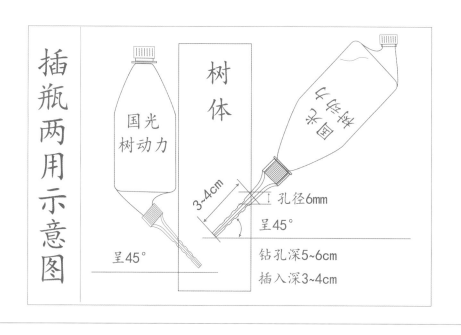

国光古树名木专用品

古树名木伤口愈合专用品(愈伤涂膜剂)

愈合后的愈伤涂膜剂不脱落

正确使用方法:优先保护韧皮部

正确使用方法:周边涂抹5~10cm

不合格的愈伤涂抹产品,不能起到伤口防腐促愈合的作用,遇雨易脱落,伤口常失水、开裂。

国光古树名木专用品

打破休眠，促进古树名木萌发新芽，恢复树势专用品

使用时

使用后

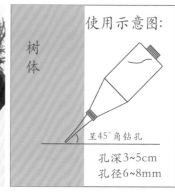

使用示意图：

树体

呈45°角钻孔

孔深3~5cm
孔径6~8mm

使用时

使用后

国光古树名木专用品

增强古树名木抗寒、抗旱、耐盐碱等抗逆性专用品

未使用抗冻产品,树皮冻裂,冻死

云南恒大华府使用国光抗冻套餐受冻较轻

国光古树名木专用品

减弱古树名木蒸腾作用，减少水分散失专用品(抑制蒸腾剂)

国光古树名木专用品

古树病害防治包

A—叶部病害 ☐ B—枝干及树洞病害 ☐ C—根部及土传病害 ☐

古树病害防治包以体检、体量、测土、测叶等为设计依据，一树一方案，对症施策，识病、识虫、适时、适法防治，专门用于古树复壮救护，它是救护技术效果保证的关键。

预防和治疗古树名木叶斑病、锈病等叶部病害专用品

治对象

| 叶斑病 | 穿孔病 | 炭疽病 | 炭疽病 |
| 叶斑病 | 褐斑病 | 白粉病 | 炭疽病 |

国光古树名木专用品

预防和治疗古树名木干腐、溃疡等干部腐烂病专用品

防治对象

膏药病　　　　　　　　　干腐病　　　　　　　　　流胶病

腐烂病　　　　腐烂病防治用糊涂膜保护　　　　腐烂病

国光古树名木专用品

预防和治疗古树名木根腐病等土传病害专用品

防治对象

根腐病

国光古树名木专用品

古树虫害防治包

A—叶部虫害 □　　B—枝干及树洞虫害 □　　C—根部虫害 □

　　古树虫害防治包以体检、体量、测土、测叶等为设计依据，一树一方案，对症施策，识病、识虫、适时、适法防治，专门用于古树复壮救护，它是救护技术效果保证的关键。

国光古树名木专用品

预防和治疗古树名木刺吸式害虫专用品

防治对象

球蚧	扭绵蚧	吹绵蚧	藤壶蚧
蚜虫	木虱	木虱	叶蝉
蓟马若虫	蓟马	方翅网蝽	杜鹃冠网蝽

国光古树名木专用品

预防和治疗古树名木食叶害虫专用品

防治对象

葱兰夜蛾幼虫　　　　　蓑蛾成虫　　　　　刺蛾幼虫　　　　　美国白蛾

柳蓝叶甲　　　　　蛾类幼虫　　　　　粘虫　　　　　尺蠖

天幕毛虫　　　　　叶蜂幼虫　　　　　锦斑蛾　　　　　紫纹曲灰蝶幼虫

预防和治疗古树名木地下害虫专用品

防治对象

红火蚁　　　　　　　　金针虫　　　　　　　　蚯蚓　　　　　　　　淡剑贪夜蛾幼虫

地老虎　　　　　　　　金针虫　　　　　　　　蝼蛄　　　　　　　　蚯蚓

蛴螬　　　　　　　　　蛴螬　　　　　　　　　金龟子　　　　　　　金龟子

国光古树名木专用品

预防和治疗古树名木蛀干害虫专用品

防治对象

光肩星天牛成虫和卵

天牛幼虫

松梢螟

吉丁虫

褐纹甘蔗象

沟眶象幼虫

小蠹虫危害状

白蚁

防蛀液剂
(树体杀虫直插瓶)

天牛成虫

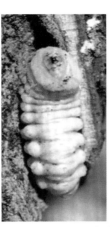
天牛幼虫

天牛幼虫

天牛成虫

大树直插式树体杀虫剂、吊袋、小管注药插瓶的应用

※ 本方法是解决大树钻蛀性害虫、高大树蚧壳虫、卷叶虫的有效办法。

1. 树体杀虫剂(直插瓶)

本品具有强烈的触杀、胃毒和熏蒸作用，内吸渗透性强，活性高，能有效杀灭树体天牛、蛾类、吉丁虫、小蠹虫等钻蛀性害虫。

在虫危害部位的下方斜向下45°钻孔，孔径为5mm，孔深5~6cm(树胸径10cm钻1个孔，10~20cm钻2个孔，20cm以上3~5个孔，孔与孔之间交错分开，不在同一水平面上)，然后插紧，并旋松瓶盖让药液流入树体。

使用时期：以4~8月份树体生长期使用为最佳。

2. 用插瓶、吊袋防治蚧壳虫

本品具有强烈的内吸渗透作用，活性高，用后被树体快速吸收传导，蚧壳虫通过吸食有毒的树体汁液而胃毒致死，本品是解决高大树难治蚧的有效办法。

3. 小管注药树体杀虫剂(插瓶)

本品具有强烈的内吸渗透作用，活性高，打孔后直接将药液挤注到孔内，然后用剪刀剪去药管尾端，用其封孔。

树体杀虫剂直插瓶使用图

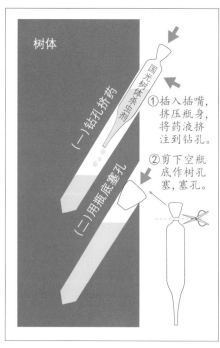

树体

(一)钻孔挤药

(二)用瓶底塞孔

①插入插嘴，挤压瓶身，将药液挤注到钻孔。

②剪下空瓶底作树孔塞，塞孔。

小管注药式树体杀虫剂使用图

防治菟丝子对古树名木危害的专用品

菟斯戈防除菟丝子7天后的药效表现

国光古树名木专用品

控制古树名木飞絮的专用品

控制古树名木开花结果的专用品

国光古树名木专用品

古树名木救护、复壮、养护专用功能型缓释棒肥

土质软可用橡胶锤将楔形棒肥敲入 　　土质软也可用脚将楔形棒肥踩入

国光古树名木专用品

古树名木救护、复壮、养护专用功能型缓释棒肥

国光古树名木专用品

古树名木救护复壮专用生物有机棒

专用生物有机棒能活化土壤，增加土壤团粒结构和通透性，
补充有益微生物，诱导古树名木萌发新根，长新叶。

国光古树名木专用品

古树名木救护、复壮、养护专用生物有机肥

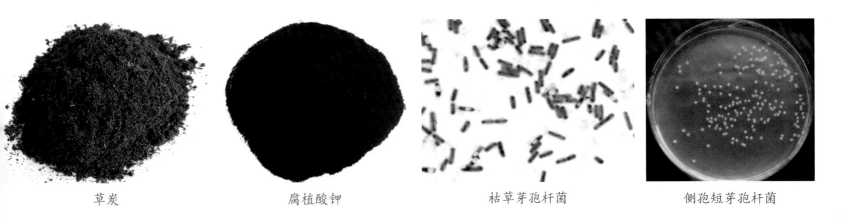

草炭　　　　　　　腐植酸钾　　　　　　枯草芽孢杆菌　　　　侧孢短芽孢杆菌

国光活力源生物有机肥适用范围(遇到以下情况时，施用活力源能取得良好的效果)：

大规格苗木移栽时　　　　　土壤板结、透气性差时　　　　　土壤pH过高时

国光古树名木专用品

古树名木救护、复壮、养护专用救护包

注：使用营养包时，量体施肥、测土施肥、对症施肥，
营养均衡全面、缓释供给是这一营养包的技术关键。

先将古树营养健壮包混合均匀

营养包与表土混匀配成营养土，回填入复壮沟内

复壮沟回填后，充分浇水

复壮救护包

复壮前

复壮后三个月

国光古树名木专用品

古树名木救护、复壮、养护专用螯合液肥

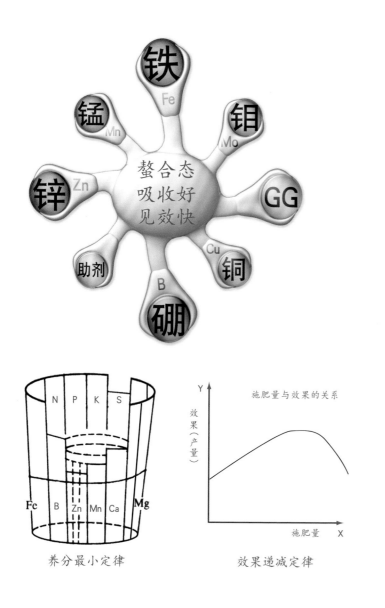

螯合态
吸收好
见效快

铁 Fe
锰 Mn
钼 Mo
锌 Zn
GG
助剂
铜 Cu
B
硼

养分最小定律

效果递减定律

园林植物常见黄化症

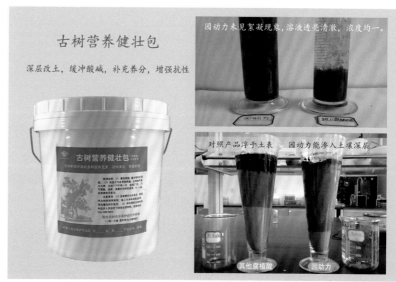

古树营养健壮包

深层改土，缓冲酸碱，补充养分，增强抗性

固动力未见絮凝现象，溶液透亮清澈，浓度均一。

对照产品浮于土表　固动力能渗入土壤深层

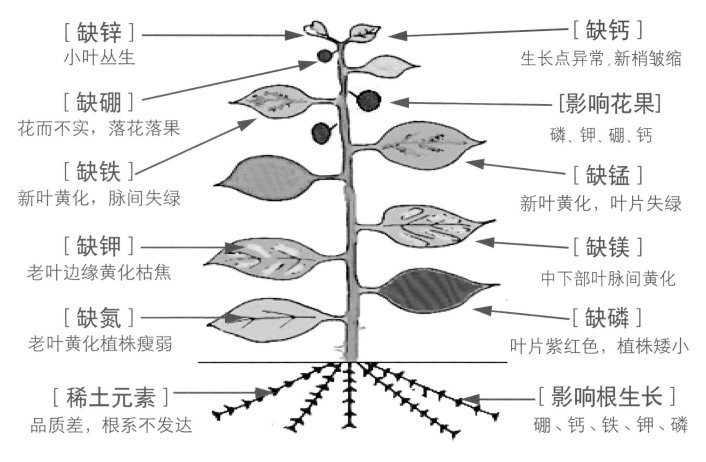

[缺锌]
小叶丛生

[缺硼]
花而不实，落花落果

[缺铁]
新叶黄化，脉间失绿

[缺钾]
老叶边缘黄化枯焦

[缺氮]
老叶黄化植株瘦弱

[稀土元素]
品质差，根系不发达

[缺钙]
生长点异常,新梢皱缩

[影响花果]
磷、钾、硼、钙

[缺锰]
新叶黄化，叶片失绿

[缺镁]
中下部叶脉间黄化

[缺磷]
叶片紫红色，植株矮小

[影响根生长]
硼、钙、铁、钾、磷

树木常见缺素症示意图

衰弱树复壮 营养是基础 —— 雨阳/活力源/园动力

挖复壮沟/坑,用活力源拌营养土　　施奇缓释棒肥,配合施活力源　　复壮前　　复壮后

病虫害图谱

古树名木及园林植物常见叶花果类病害图谱

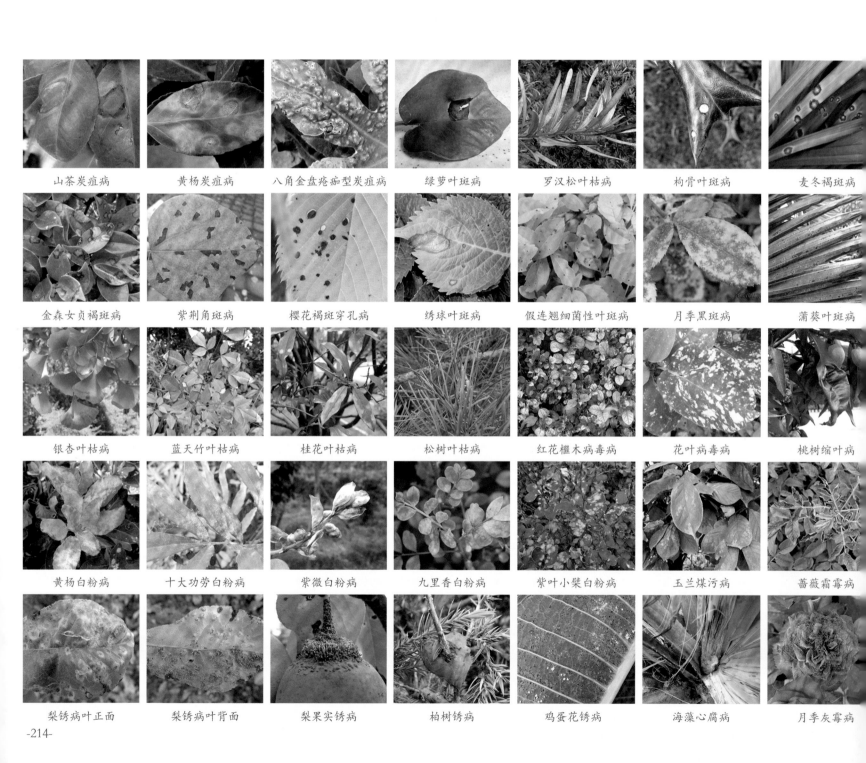

山茶炭疽病	黄杨炭疽病	八角金盘疮痂型炭疽病	绿萝叶斑病	罗汉松叶枯病	枸骨叶斑病	麦冬褐斑病
金森女贞褐斑病	紫荆角斑病	樱花褐斑穿孔病	绣球叶斑病	假连翘细菌性叶斑病	月季黑斑病	蒲葵叶斑病
银杏叶枯病	蓝天竹叶枯病	桂花叶枯病	松树叶枯病	红花檵木病毒病	花叶病毒病	桃树缩叶病
黄杨白粉病	十大功劳白粉病	紫薇白粉病	九里香白粉病	紫叶小檗白粉病	玉兰煤污病	蔷薇霜霉病
梨锈病叶正面	梨锈病叶背面	梨果实锈病	柏树锈病	鸡蛋花锈病	海藻心腐病	月季灰霉病

古树名木及园林植物常见枝干及根部病害图谱

杨树溃疡病	杨树溃疡病	海棠腐烂病	腐烂病致皮层组织松软	海棠腐烂病	柳树腐烂病分生孢子	樱花腐烂病孢子角
月季枝枯病	龙爪槐枝枯病	龙柏枯梢病	雪松枯梢病	木腐菌	膏药病	桃树流胶病
香樟溃疡病	银杏立枯病	松苗猝倒病	根腐病	根腐病	根腐病	根腐病
根腐病	根腐病	根腐病	根腐病	根腐病	根腐病	松树根腐病
根癌病	幸福树茎腐病	根结线虫病	枯萎病	皂角枯萎病	栾树枯萎病	枯萎病导致维管束变色

病虫害图谱

古树名木及园林植物常见枝干和地下害虫图谱

云斑天牛成虫产卵　　天牛幼虫　　云斑天牛产的卵　　光肩星天牛的卵和成虫　　天牛幼虫危害状　　秀剑套餐致天牛幼虫死亡　　天牛危害树干状

球蚧　　日本纽绵蚧　　吹绵蚧　　草履蚧　　日本藤壶蚧　　红龟蜡蚧　　毛球蚧

褐纹甘蔗象　　臭椿沟眶象　　沟眶象幼虫　　桂花沟眶象幼虫　　桂花沟眶象　　秀剑套餐致小蠹虫死亡　　小蠹虫危害状

吉丁虫　　蜡蝉　　木蠹蛾　　木蠹蛾　　红棕象甲　　红棕象甲危害加拿利海藻　　松梢螟

白蚁　　白蚁危害状　　红火蚁　　金针虫　　蛴螬　　蝼蛄　　地老虎

古树名木及园林植物常见刺吸类和食叶类害虫图谱

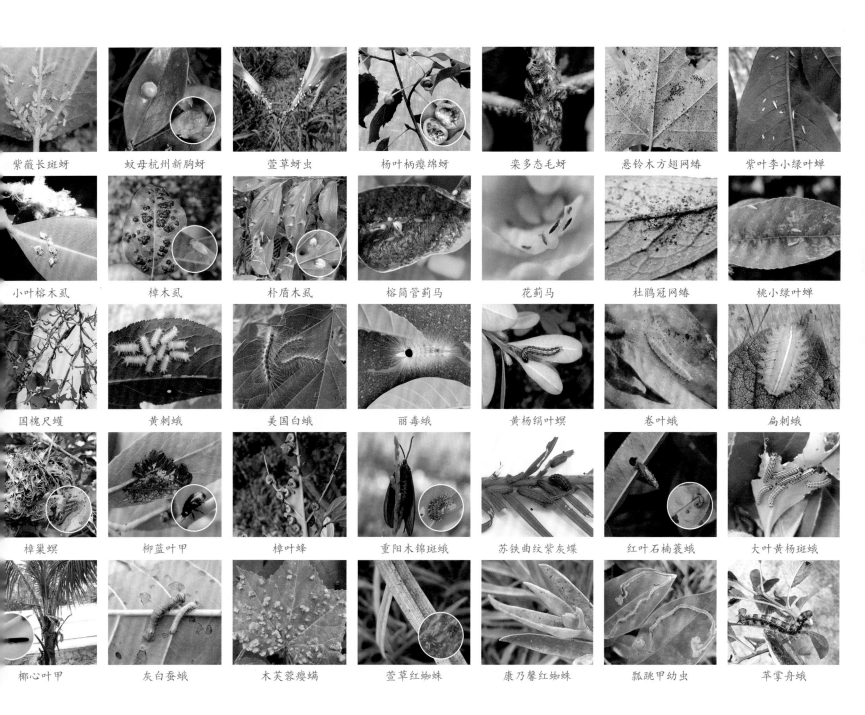

紫薇长斑蚜	蚊母杭州新胸蚜	萱草蚜虫	杨叶柄瘿绵蚜	栾多态毛蚜	悬铃木方翅网蝽	紫叶李小绿叶蝉
小叶榕木虱	樟木虱	朴盾木虱	榕简管蓟马	花蓟马	杜鹃冠网蝽	桃小绿叶蝉
国槐尺蠖	黄刺蛾	美国白蛾	丽毒蛾	黄杨绢叶螟	卷叶蛾	扁刺蛾
樟巢螟	柳蓝叶甲	樟叶蜂	重阳木锦斑蛾	苏铁曲纹紫灰蝶	红叶石楠蓑蛾	大叶黄杨斑蛾
椰心叶甲	灰白蚕蛾	木芙蓉瘿螨	萱草红蜘蛛	康乃馨红蜘蛛	瓢跳甲幼虫	苹掌舟蛾

附　录

国光公司简介

古树名木复壮救护与移植养护专业队＝理论+技术+方案+案例+经验+体检仪器+专用物资、器材+专用药品+行业口碑的复壮救护专业施工团队

国光的金刚钻=技术+经验+案例+专业检测仪器+专用器材+专用养护品+研究所+树博士专业队

四川国光——A股上市公司

（股票代码：002749）

四川国光农化股份有限公司是国家农药定点生产企业，成立于1984年。经过30多年的艰苦创业，由一个家庭作坊发展成为深交所A股挂牌上市企业。

创业者一开始就坚信企业竞争的关键是质量、服务、品牌和企业文化，并把"做质量、做诚信、做品牌、做特色、做服务、做百年"作为企业发展的经营理念。在创业过程中，熔炼出"和、诚、真、新"的企业文化精髓，"和"——对人以和，"诚"——交往以诚，"真"——做事以真，"新"——发展以新。这四个字是国光发展壮大的"魂"，是国光人的行为准则，一直影响着国光人的成长。

企业几十年如一日，专注于植物保护和调控领域的技术研究和产品开发，不断创新发展。公司在国内第一个实现先款后货后，成立了国光作物调控技术研究院。每个作物都设有相应的研究所，各研究所专注于自身领域的技术研究和产品开发。

和、诚、真、新——国光企业文化　　　助种植者实现愿望——国光企业使命

四川国光园林科技有限公司简介

　　国光园林团队始建于1996年，原为国光股份（股票代码：002749）园林事业部，2020年11月从国光股份剥离，组建为四川国光园林科技有限公司（以下简称国光园林科技）。

　　国光园林科技是集园林养护品研发、林业和草原有害生物防治、环境有害生物、环境消毒除害等领域于一体的综合性服务平台。业务涵盖环境卫生消杀及古树名木、花卉花海、观赏苗木、草坪及牧草、家庭绿植等健康生长所需的产品及技术。

　　公司专注于植物和环境卫生消杀的研究，根据植物不同的种类与特质成立了观赏苗木研究所、古树名木保护研究所、花卉花海研究所、环境卫生消杀研究所等八大研究团队。始终坚持安全、环保的发展理念，专注于环境友好型产品的研发及应用，产品涵盖农药、肥料、器械等多个领域，服务对象包含市政单位、园林及物业公司、房地产企业、大型林场、花卉苗木生产企业、家庭园艺爱好者等。

　　公司先后在北京奥运会、上海世博会、新疆亚欧博览会、广州亚运会、成都大运会、国内各届园博会、花博会等大型会议绿化建设上被列为技术服务的主力军及先行者，并与国内多家大型企业集团及行业协会达成战略合作。公司还与西北农林科技大学、华中农业大学、北京园林科学研究院等高校和科研院所达成战略合作，进一步强化公司的技术力量。

　　国光园林科技立志成为中国园林养护、林业和草原有害生物防治、环境卫生消杀的专业服务商；引领行业发展，用科技为园林养护、环境卫生消杀提供产品和解决方案，为"美丽中国""生态文明建设"贡献力量。

国光作物调控技术研究院简介

国光公司利用上市后所募集的研发资金及已有的专家基础、人员基础、技术基础、理论基础、实践基础、资金基础成立了作物调控技术研究院。这是在国光公司摆脱赊欠坏账后，将从农业院校招聘来的400多名业务代表全部转为研究人员和技术服务人员，结合公司原有的技术中心，形成了一个有机的技术研究体系。

国光作物调控技术研究院架构图

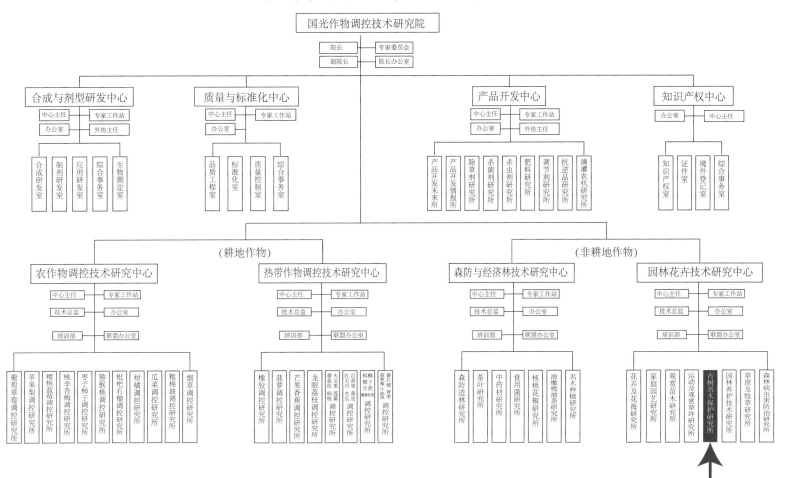

国光作物调控技术研究院按作物设立研究所，专门、专注、专心、专业研究各种作物的调控技术
这在目前国内是唯一专门研究作物调控技术的研究机构，现有职工600多人
并聘请国内各作物相关专家为研究院专家委员会成员，对口指导和协助各研究所的研究工作

国光古树名木保护研究所在国光作物调控技术研究院机构中的位置

我们专注于古树保护的研究；

保护古树名木、留下历史见证者，是我们的使命。

国光古树名木保护
研究所简介

　　国光古树名木保护研究所前身是园林技术部古树名木救护复壮及大树移植研究小组（又名"树博士团队"），国光成立作物调控技术研究院后升级更名为国光古树名木保护研究所。

　　20年来，国光古树名木保护研究所在园林养护和树木移植、古树名木救护复壮工作中积累了较为丰富的理论和实践经验，为全国各地编写了大量的救护、复壮、移植、养护技术方案，指导和实施了大量的古树名木复壮、救护与移植工作，为古树名木复壮、救护与移植提供技术咨询和技术指导，参编了《城市古树名木养护和复壮工程技术规范》（GB/T 51168—2016），自编了六种关于古树名木救护复壮、移植养护的相关书籍。

　　国光古树名木保护研究所在复壮、救护与移植实践过程中创新发明了20多项专利产品和技术。这些新技术、新发明是树博士团队独创的，已广泛应用于古树名木复壮、救护与移植过程中，并取得了良好的效果。

　　研究所的定位：专注于古树名木复壮、救护、移植、养护的技术研究和产品研发。

　　研究所的使命：帮助古树名木恢复生命、恢复长势、延长寿命。

　　研究所的宗旨：把古树名木作为亲人、老人、病人来对待，做古树名木的好医生、好护士。

　　研究所的愿景：把国光这所古树名木救护复壮"医院"建成中国最好的"三甲医院"。

　　国光古树名木保护研究所将研究出更好的治疗品、保健品和物资、器材，做好技术培训、技术咨询、技术服务，提供古树名木全程救护复壮、移植养护技术方案，为有需求的用户提供全方位的复壮技术，为拯救全国古树名木生命、恢复长势、延长寿命作出贡献；进一步加强与园林、林业、高校、文物、旅游等科研机构的合作，与专家们深化共同研究和信息交流，推动我国古树名木保护事业不断向前发展。

请把专业技术问题，
交给懂技术的专业人士！

黄帝手植柏

国光古树名木保护研究所开展的古树保护
技术培训、技术研讨与现场服务

2018年8月30日受邀参加广元市剑阁县翠云廊古柏专家会诊座谈会

2015年7月大连鳄鱼园古树诊断现场服务

2017年4月11—13日在重庆举办全国森防系统古树复壮救护培训

2015年5月四川高校后勤绿化协会古树名木保护技术培训（四川南充）

2017年6月乐山市大佛景区古树名木保护研讨会

2015年全国古树名木复壮救护技术培训（四川成都）

2018年8月重庆市云阳县古树名木保护室内技术培训会

2018年8月重庆市云阳县古树名木保护技术现场培训会

国光古树名木保护研究所培训教学基地树

500年古银杏教学树树址：国光公司所在地原简阳县政府大院

国光古树名木保护研究所培训教学基地树

500年古银杏教学树树址：国光公司所在地原简阳县政府大院

秋

冬

爱是人类一切行为的动力

国光董事长对古树的热爱
奠定了今天的国光古树名木保护研究所和树博士专业施工队

国光董事长对古树的热爱
奠定了今天的国光古树名木保护研究所和树博士专业施工队

国光古树名木保护研究所技术人员在福建泉州分析路面硬铺装对古树生长的影响

国光古树名木保护研究所将公司所在地——原简阳县政府大院的古树名木作为研究培训基地

国光古树名木保护研究所
将公司所在地——原简阳县政府大院
的古树名木作为研究培训基地

国光古树名木保护研究所
将公司所在地——原简阳县政府大院
的古树名木作为研究培训基地

国光董事长对古树的热爱

奠定了今天的国光古树名木保护研究所和树博士专业施工队

国光古树名木保护研究所技术人员同行业专家及古树管养单位一起查看张飞柏复壮救护效果，张飞柏复壮后枝叶新发量多，长势良好

第一本
主要介绍古树名木复壮知识与技术

〖国光树博士〗

名木古树

名木古树养护、救护、复壮技术指南
新技术、新材料、新方法在名木古树养护(救护)复壮上的应用

 四川国光农化有限公司　园林绿化技术部
地址: 成都·国家经济技术开发区(龙泉驿)北京路899号
电话: (028)88431381　88431909　传真: (028)82003030
技术咨询: (0)13982932622　　　(国光内部培训资料)

国光《名木古树》目录

第1章：名木古树复壮救护基础知识

第1节：名木古树根、茎、叶生理
一、根的生长发育特性................5
二、茎的输导功能及特点.............8
三、叶片的生理功能.................9
第2节：名木古树正常生长所需的条件....13
第3节：科学施肥基础知识回顾.........16
第4节：新技术、新方法的科学依据......19
第5节：名木古树复壮基本术语解释......20

第2章：名木古树生长衰弱的原因

一、生长立地条件差.................21
二、缺水排、灌设施.................21
三、病、虫危害....................22
四、名木古树非正常落叶.............23
五、树干上的空洞及切口未能及时封补...24
六、受台风、雷击等及自然力破坏......24
七、树冠不平衡....................24
八、人为因素破坏..................24
九、古树脱皮......................24

第3章：名木古树复壮救护技术措施

一、制定名木古树的保护方案..........25
二、改善立地条件..................26
三、合理浇灌......................27
四、科学施肥......................28
　1.挖沟深施技术..................28
　2.打孔施肥（棒肥、球肥）施用技术...29
　3.叶面施肥技术..................30
　4.注射施肥技术..................31
　5.营养坑法复壮根系技术...........32
五、做好病虫害的防治工作...........33
　1.白蚁防治技术..................33
　2.蛀干性害虫防治技术.........33—36
　3.蚧壳虫防治技术................37
　4.食叶害虫防治技术..............37
　5.叶部病害防治技术..............38
　6.枝干腐烂防治技术..............38
　7.根腐病防治技术................38
六、做好树体的支撑................39
七、做好树洞的修补................40
八、做好修剪与整形................41
九、设置避雷装置..................42
十、设置防护栏和警示牌............42
附、名木古树管理月历表.........43—46

第4章：新技术、新材料在古树保护中的应用

一、愈伤涂抹剂在古树名木保护中的应用....48
二、树动力在古树名木保护中的应用......48
三、吊针注射液在古树名木保护中的应用..48
四、输液吊袋在古树名木保护中的应用....49
五、根动力在古树名木保护中的应用......50
六、直插瓶在防治蛀干性害虫中的应用.(34—35)
七、复合棒肥在古树名木保护中的应用....75
八、复合功能缓释颗粒肥在古树名木保护中的应用....76
九、复合功能速效颗粒肥在古树名木保护中的应用...77—78
十、抑制蒸腾剂在古树名木保护中的应用....48
十一、熏蒸型杀虫药片在古树名木保护中的应用......(36)

第5章：名木古树专用杀虫、杀菌剂介绍

一、杀虫剂系列...................54—61
　◇国光蚧必治（专杀蚧壳虫）.........54
　◇国光毒枪（专杀卷叶虫、包叶虫、潜叶虫、斑潜蝇等）.55
　◇国光毒箭（专杀食叶害虫）.........55
　◇国光毙克（专杀蚜虫、飞虱、叶蝉）..56
　◇国光椰甲必治（专治椰心叶甲虫）....57
　◇国光松线必治（专杀松材线虫）......59
　◇国光敌死可（专杀各种螨类害虫）....56
　◇国光地杀（专杀地下害虫）.........61
　◇国光线虫必治（高效杀线虫剂）......61
二、杀菌剂系列...................62—67
　◇国光英纳（古树苗木专用杀菌剂）....62
　◇国光黑杀（治黑斑病，白粉病，锈病等）.63
　◇国光根腐灵（治根腐病、枯萎病等）..63
　◇国光乐克（治叶斑病、炭疽病，与银泰交替使用）..64
　◇国光土壤消毒杀菌剂（土壤消毒，防土传病害）....64
　◇银泰（观赏植物专用，防治多种病害）..65
　◇国光松尔　◇国光三唑酮　◇国光三唑酮·锰锌..66
　◇国光多菌灵　多菌灵锰锌　◇国光甲霜灵·锰锌66—67
　◇国光代森锰锌　◇代森锌　◇国光乙膦铝·锰锌..67
　◇国光百菌清　◇国光咪鲜胺..........67

第6章：名木古树专用肥介绍.........68—79

　◇国光稀施美（喷施剂）（71）　◇国光根宝（浇灌型）（72）
　◇国光冻必施—抗冻防霜（72）　◇国光硼（氨基酸硼）（71）
　◇国光锌（氨基酸锌）（71）　◇国光稀土（螯合稀土）（75）
　◇国光氨基酸螯合铁（74）　◇国光氨基酸螯合钙（74）
　◇国光棒肥、球肥（75）　◇GG功能剂介绍（79）
　◇雨阳3号—缓释颗粒肥（76）　◇雨阳6号—速效颗粒肥（77）
　◇雨阳8号—水溶性肥（78）

第7章：国光园林技术部简介.........86—106

第二本
主要介绍古树名木移植养护技术

大树／名木古树／病弱树
移植养护技术指南

四川国光农化有限公司 园林绿化技术部
地址：成都·国家经济技术开发区（龙泉驿）北京路899号
电话：(028)88431909 88431381 66876890
技术咨询：(0)13982932622 传真：(028)82003030

国光《树博士》目录

一、大树移植养护第一篇：大树移植基本原理与基础知识
 （一）大树移植养护如同人体手术和护理 …… 2
  大树养分和水分收支平衡原理 …… 2
  近似生境原理 …… 2
  大树品种影响成活 …… 2
 （二）基本常识、选树标准、移栽季节 …… 3
二、大树移植养护第二篇：大树移植方法及处理
 （一）带土球移植技术及处理
  1. 起挖准备与挖前修剪 …… 5
  2. 起挖大树施工过程 …… 6
  3. 土球修整 …… 7
  4. 根部处理 …… 7
  5. 捆扎土球 …… 8
  6. 起吊大树 …… 9
  7. 装车运输 …… 10
  8. 移栽定植及处理 …… 11
 （二）裸根移植技术及处理 …… 16
 （三）板箱移植技术简介 …… 17
 （四）容器移植技术简介 …… 17
三、大树移植养护第三篇：大树移植后日常管理技术及常见疑问
 （一）大树移植日常养护管理技术
  1. 输液浇水、捆扎保湿、搭棚遮阴、支撑固树 …… 19
  2. 抹芽除萌除梢、防冻解害、促进土壤透 …… 20
 （二）大树移植常见疑问解答
  1. 拯救性再次移植技术 …… 21
  2. 大树树洞修复技术 …… 21
  3. 土球破损、散球怎么办 …… 21
  4. 移植山苗为什么死亡率 …… 21
  5. 如何防止和减少大树受冻 …… 22
  6. 移植过深怎么办 …… 22
  7. 如何判断移栽大树是否成活 …… 23
  8. 名木古树如何复壮 …… 23
 （三）20个影响大树成活的重要细节 …… 24
 （四）大树移植养护容易进入的7个误 …… 25
 （五）大树移栽后常出现的5个问题及解决对策 …… 27
四、大树移植养护第四篇：提高大树移植成活率新技术：
 （一）植皮与损伤皮复原技术 …… 30
 （二）大树蒸腾抑制技术 …… 31
 （三）大树移栽促生根技术 …… 32
 （四）愈伤涂膜、防腐技术 …… 34
 （五）国光树动力、大树施它活应用技术 …… 35
 （六）大树吊针输液技术 …… 37
五、大树移植养护第五篇：大树病虫害防治技术 …… 39
六、大树专用缓释肥应用技术篇 …… 44
七、大树移植养护技术实例(450年古榕迁新居，哈尔滨夏季移植松树) …… 47
八、技术交流、技术培训 …… 51
九、国光草坪花卉苗木专用养护品简介 …… 54
十、园林建设及花协的专家参观国光/国光联系方式及全国供货渠道分布 …… 55

国光救治古树与医生救治病人同理、同法
爱心+医术+仪器+药品+案例+专业的复壮救护队
是国光承接复壮救护工程的优势所在
没有金刚钻 不揽瓷器活

第三本

主要介绍古树名木复壮专业队

树博士®

国光古树名木复壮救护专业队
简介

请把古树名木复壮、救护与移植等专业问题交给"树博士专业队"来处理！

四川简阳市简城镇400多年古银杏经复壮后的生长状况

四川国光农化股份有限公司
园林技术部——古树名木复壮专业队

国光《古树名木救护复壮专业队》目 录

一、国光古树名木复壮专业队简介..1

二、国光古树名木复壮专业队能为你提供的帮助有哪些？...............1

三、国光古树名木复壮专业队在全国各地的救护案例分享.............2

  1.宁夏银川清真寺百年古槐复壮..2

  2.国光为海南三亚450年高山古榕树移植养护作策划与实施...2

  3.邓小平家乡广安思源广场古榕树拯救、复壮.................3

  4.广东省中山五桂山中专学校菩提榕复壮.......................3

  5.北京雪松救护与复壮..3

  6.江苏镇江大港紫竹苑小区600多年古银杏移栽.............3

  7.云南芒市中缅友谊树复壮...3

四、新型大树移植板框介绍...4

五、国光古树名木专用器材和药肥展示.........................5

六、古树名木诊断及衰弱原因分析与复壮对策简介.........6

第四本
主要介绍养护品

园林绿化及花卉苗木养护指南

GG
(内部资料)

国光《园林绿化及花卉苗木养护指南》目录

一、树木移植养护品....................................04
　　根盼(促进和诱导植株快速生根，提高成活率)........04
　　施它活(维持树体收支平衡，促成活，节水环保).......06
　　树动力套餐(提供内源生长动力，打破休眠，促芽萌发，提高成活率)..08
　　糊涂(保护伤口促愈合，成膜性好，耐雨水冲刷).......09
　　动力(改善根部土壤环境，提供养分，促进成活、复壮)...10
　　撒根生(撒施用，促使根系发达，植株生长健壮)........11
　　植根源(浇灌型，促进快速发根，根多根壮)...........12
　　抑蒸(减弱植株蒸腾作用，减少水分散失)..............13
　　移成(补充多种养分，恢复和复壮树木生长势)..........14

　　施奇(棒状复混肥，使用方便，省工省时，持效)..................16
二、园林专用养护品系列....................................18
三、树木移植养护新材料....................................68
四、名木古树救护复壮......................................81
五、家庭园艺养护品..87
六、森林防护专用品..89
七、土壤渗透润湿剂..91

第五本
古树名木复壮救护移植技术

国光《古树名木救护移植技术》目录

第一章 古树名木复壮救护基础知识
第一节 古树名木根的生理 ……………………………3
一、根系的分类及生长发育特性 …………………3
三、根系的分布 ……………………………………4
四、根系的生长 ……………………………………5
五、根系对水分的吸收 ……………………………5
第二节 古树名木茎生理 ……………………………10
一、水分和无机盐的输导 …………………………10
二、有机养料的输导 ………………………………10
第三节 古树名木叶生理 ……………………………12
一、光合作用 ………………………………………13
二、蒸腾作用 ………………………………………13
三、吸收作用 ………………………………………15
四、贮藏作用 ………………………………………15
五、呼吸作用 ………………………………………15
第四节 古树名木正常生长所需的条件 ……………16
一、适宜于古树生长的环境条件 …………………17
二、古树名木生长的植物群落 ……………………26

第二章 古树保护、复壮、救护相关名词解释
第二章 古树保护、复壮、救护相关名词解释 ……31

第三章 名木古树生长衰弱的原因
第一节 名木古树生长衰弱的内在原因 ……………34
第二节 名木古树生长衰弱的外在原因 ……………35
一、立地环境影响生长 ……………………………35
二、病、虫危害 ……………………………………38
三、受台风、雷击等自然力破坏 …………………40
四、根系裸露，水土流失严重或大量细根浮在土表生长 …40
五、人为因素破坏 …………………………………41
六、树枝干有空洞或腐朽组织 ……………………43

第四章 古树日常养护技术
第一节 浇水与排水 …………………………………45
一、浇水 ……………………………………………45
二、树干补水 ………………………………………46
三、叶面喷水 ………………………………………46
四、排水 ……………………………………………47
第二节 施肥 …………………………………………48
一、根部施肥 ………………………………………48
二、叶面施肥 ………………………………………51
三、枝干注射施肥（吊注营养液） ………………52
第三节 有害生物防治 ………………………………53
第四节 树冠整理 ……………………………………56
一、树冠整理的目的 ………………………………56
二、怎样进行树冠整理 ……………………………56
三、树冠整理的注意事项 …………………………57
第五节 地上环境整治 ………………………………59
第六节 树体预防保护 ………………………………63
第七节 古树名木日常养护记录表模版 ……………70

第五章 名木古树复壮救护操作流程
第一节 现状调查 ……………………………………72
复壮救护方案模板 …………………………………72
附：编号为"北00622号"古柏树的救护方案 …74
一、复壮救护操作前的准备 ………………………75
二、树干横断面扫描检测 …………………………75
三、枝干处理 ………………………………………75
四、根部处理（此部分为重点） …………………75

五、人员配置 ………………………………………76
六、器具、设备及养护品（略） …………………76
七、费用预算（略） ………………………………76
第二节 问题分析及方案形成 ………………………77
第三节 复壮救护施工（重点掌握） ………………79
一、树体支撑和加固 ………………………………79
二、树冠整理 ………………………………………82
三、伤口保护 ………………………………………84
四、树体输液 ………………………………………85
五、清腐除朽 ………………………………………86
六、树干防腐 ………………………………………88
七、树洞修补 ………………………………………90
八、干皮仿真修复 …………………………………95
九、病虫防治及叶面营养补充 ……………………100
十、地面环境整治 …………………………………102
十一、土壤改良 ……………………………………104
十二、根系复壮 ……………………………………106
十三、保护设施 ……………………………………108
十四、养护管理 ……………………………………109
十五、回访跟踪 ……………………………………109

第六章 特殊情况下古树名木的移植
一、特殊情况下古树名木的移植 …………………111
二、如何移植一株古树名木 ………………………112

第七章 专业仪器设备使用及功能说明
一、美国TRU树木雷达检测系统 …………………122
二、LINTAB6高精度版树木年轮分析系统 ………124
三、德国PICUS³ 树干横断面声波扫描仪 ………125
四、GPS定位仪 ……………………………………127
五、古树生长光合作用测定仪 ……………………128
六、土壤养分速测仪 ………………………………129
七、高空无人喷药机 ………………………………130
八、高射程喷雾机、喷药机、喷叶面肥 …………131
九、高压水枪 ………………………………………132
十、高压吹风机 ……………………………………133
十一、打孔机 ………………………………………134
十二、水钻 …………………………………………135
十三、油锯 …………………………………………136
十四、电镐 …………………………………………137

第八章 古树名木复壮救护常用工具一览表
古树名木复壮救护常用工具一览表 ………………138

第九章 古树名木救护复壮、移植技术方案
一、古树名木救护复壮、移植技术方案（模板） …146
二、古树名木救护复壮、移植技术方案（参考模板） …153
三、复壮、救护、养护、移植技术方案体检、施工收费标准及说明 …165
四、古树名木复壮救护（或移植、养护）技术方案编制合 同（参考模板） …179
五、古树名木复壮、救护（移植）施工工程合同（参考） …183
六、关于申请古树名木复壮救护资金的请示报告（供参考） …189
附一：我市古树名木分布图一览表（区域调查表） …191
附二：对需要救护的古树名木生长情况调查表（一树一表） …193
附三：名木古树救护与复壮画册发放登记册 ……203

附件
附一：城市古树名木养护和复壮工程技术规范 …207
附三：建设部城市古树名木保护管理办法 ………21⁰

第六本

古树名木救护与复壮

树博士®

古树名木救护与复壮

四川国光
股票代码: 002749

国光《古树名木救护与复壮》目录

第一章：古树名木救护、复壮、移植养护案例

第一节　古树名木救护复壮案例

案例一：河北廊坊市北王庄300年康熙双槐救护案例...........03
案例二：广元剑阁县剑门关梁山寺紫薇王救护复壮案例...07
案例三：甘肃嘉峪关左公杨救护案例...11
案例四：四川广安邓小平家乡广安思源广场古榕树复壮案例...13
案例五：广元剑阁县张飞柏复壮救护案例...15
案例六：江苏南京600年古紫藤树皮修复...19
案例七：江苏省南通市700年古银杏复壮救护案例...23
案例八：成都市电子科技大学1200株银杏树仿真修复...27
案例九：成都新津县梨花溪305株古梨树救护案例...29
案例十：四川省成都市华西医院大叶榕复壮案例...33
案例十一：江苏宜兴周铁城隍庙千年古银杏复壮案例...35
案例十二：广元青川县青竹村古红豆树救护案例...37
案例十三：大连鳄鱼园光叶榉复壮救护案例...39
案例十四：云南芒市周恩来总理和缅甸总理吴巴瑞移栽的
　　　　　中缅友谊树——缅桂花复壮案例...41
案例十五：江苏镇江扬中市枫杨集团古银杏救护案例...43
案例十六：扬中普济古银杏树救护工程...47
案例十七：四川省绵阳市七曲山文庙200年古女贞树复壮救护案例...49
案例十八：江苏省常州市290号编号060号古银杏树树洞修复案例...51
案例十九：山西大圣果观400年古柏救护案例...53
案例二十：大邑县静慧山公园古罗汉松复壮案例...55
案例二十一：大邑县王氏镇食品工业园古柏复壮救护案例...56
案例二十二：温江救助站古楠木修复案例...57
案例二十三：云南个旧市200年黄连木救护案例...59
案例二十四：上海松鹤墓园3棵银杏树复壮修复案例...61
案例二十五：山西大圣果观古汉槐修复工程...63
案例二十六：河南周口古树修复救护工程...65
案例二十七：厦门100年猴面包树复壮救护案例...67

案例二十八：云南晋宁区400年古朴树复壮救护案例...69
案例二十九：江苏淮安健康新村公交站台槐树树干修复...71
案例三十：山东潍坊杨树树皮修复案例...73
案例三十一：宁夏银川清真寺百年古刺槐复壮案例...75
案例三十二：广东省中山市五桂山中专学校菩提榕复壮...77
案例三十三：成都市新津县梨花溪220年古梨树死亡后，原址树体保护...78
案例三十四：福建厦门植物园越南篦齿苏铁群复壮修复案例...79
案例三十五：达州百节镇古乌梅树树干修复案例...83
案例三十六：贵州清镇市巢凤寺300年古银杏复壮案例...85
案例三十七：广东中山南朗翠亨孙中山故居酸子树复壮案例...87
案例三十八：广东珠海体育中心附近古榕树复壮案例...88
案例三十九：江苏淮安大运河文化广场70年法桐树树干修复案例...89
案例四十：安徽合肥芜湖路70年法桐树洞修补案例...91
案例四十一：广东江门圭峰山公园内金桂复壮案例...93
案例四十二：中南海国务院办公厅雪松复壮案例...94
案例四十三：北京雪松救护与复壮案例...95
案例四十四：中国农业科学院白皮松复壮案例...97
案例四十五：上海虹桥西郊名苑908别墅罗汉松复壮案例...99
案例四十六：天津滨海高新区企业大道"衰弱雪松"复壮案例...101
案例四十七：河南商丘造型黑松复壮案例...102
案例四十八：甘肃省天水市张家川县城雪松复壮案例...103
案例四十九：为西藏拉萨罗布林卡印度乔松提供复壮方案...104
案例五十：山西太原小店区人民政府衰弱银杏复壮与救护...105
案例五十一：吉林长春人民大街黑松复壮...106
案例五十二：黑龙江哈尔滨太阳岛黑松救护与复壮...107
案例五十三：痛心！300年药柏死亡...109
案例五十四：古树起挖、运输、包装、移植、养护技术性很强，
　　　　　被偷盗后抢救性移植难以成功案例...111

第二节　古树名木移植养护案例

案例一：安徽岳西县"桂花王"板箱移植...115
案例二：大榕树移栽案例...119
案例三：镇江新区大港紫竹苑小区古银杏移栽案例...123
案例四、海南三亚修环岛高铁移植450年高山古榕树...127

案例是技术实力的证明
复壮技术好不好，前后对比就知道

国光《古树名木救护与复壮》被中国园林博物馆收藏

捐 赠 证 书 No.B00044

四川国光农化股份有限公司:

感谢贵单位为中国园林博物馆捐赠

《古树名木救护与复壮》书籍一册

特颁此证,以致谢忱。

馆长签字: 2018年12月25日

证书编号	B00044
名称	《古树名木救护与复壮》
数量	1册
年代	2018年10月
质地	纸质

国光"古树名木保护研究及技术创新"项目
荣获2019年度中国风景园林学会科学技术奖科技进步二等奖

科技进步奖

古树名木保护研究及技术创新项目,荣获中国风景园林学会科学技术奖科技进步**二等奖**,特颁发此证书。

主要完成单位: 四川国光农化股份有限公司

主要完成人: 刘刚、蒋飞、熊伟、林江、郭翠娥、钟凯、陈明、高鹏、张江文、颜亚奇、颜昌绪

证书编号: 2019—KJ2—0271

中华人民共和国国家标准 GB/T 51168—2016

《城市古树名木养护和复壮工程技术规范》

参编单位：四川国光农化股份有限公司

参编人：颜亚奇

UDC

中华人民共和国国家标准

P

GB/T 51168-2016

城市古树名木养护和复壮工程
技术规范

Technical code for routine maintenance and rejuvenation
engineering of historic trees in the city

2016－08－18　发布　　　2017－04－01　实施

中华人民共和国住房和城乡建设部　　联合发布
中华人民共和国国家质量监督检验检疫总局

国光古树名木保护研究所为原国家林业局森防总站
100棵中华人文古树复壮保健的技术依托单位
把专业的问题交给专业的人去做

全国选出的100棵人文古树其中的三棵略影

项羽手植槐

周恩来童年手植腊梅

江西瑞金曾救了毛泽东一命的至今
还怀抱炸弹的老樟树

中华人文古树评审及古树保健与艺术委员会成立会议
参会名单

姓名	性别	工作单位	职务/职称
梁 衡	男	新闻出版署	副署长
李青松	男	国家林业局森林病虫害防治总站	党委书记
柳忠勤	男	中国国土经济学会	副会长、秘书长
邹学忠	男	辽宁林业职业技术学院	党委书记
施 海	男	北京林业工作总站	站长
谢伟忠	男	广东省森林病虫害防治检疫站	站长
王玉琳	女	四川省森林病虫防治检疫总站	站长
张红岩	女	中国国土经济学会	主任
颜昌绪	男	四川国光农化股份有限公司	董事长
张书理	男	内蒙古赤峰市林业局	局长
闫 峻	男	国家林业局森林病虫害防治总站	主任
李计顺	男	国家林业局森林病虫害防治总站	副主任
方国飞	男	国家林业局森林病虫害防治总站	副主任
孙德莹	女	国家林业局森林病虫害防治总站	教授级高工

会议时间：2013年12月7日 会议地点：四川国光
会议日程如下

时间		日程	内容	主持人
12月6日	全天	报到	机场接站	李计顺 王玉琳
12月7日	上午 8：30-11：30	中华人文古树评选	1.森防总站宣传办副主任李计顺介绍古树情况 2.代表们讨论评选100株中华人文古树	李青松
	13：30-15：00	古树保护现场考察	国光古树名木保护技术及企业文化现场参观考察	颜昌绪
	下午 15：00-17：00	人文古树保健与艺术委员会成立	1.森防总站办公室主任闫峻介绍人文古树保健与艺术委员会基本情况 2.森防总站教授级高工孙德莹宣读古树保健与艺术委员会组成人员名单,代表们讨论审定 3.闫峻主任介绍古树保健与艺术委员会章程 4、代表们讨论审议章程	李青松

国光古树名木保护展示馆

国光古树名木保护专用仪器检测室

古树名木保护相关名词解释

养护——日常保养维护，如治虫、治病、除草、施肥、浇水、防冻、修剪等措施，主要目的是强身健体，采取的养护和保健措施。它也指采取救护、复壮措施后和移植后的日常养护措施，是救护和复壮后交给甲方的方案，犹如病人出院时的医嘱(注意事项)。

保护——为了避免外界对古树名木的生长环境造成破坏所采取的一些软件（制度、警示）和硬件（围栏、吊牌等）措施，还包括防止水土流失修筑的堡坎、围堰和防止枝干折断的树体支撑，一般不涉及具体的日常养护措施。

救护——对濒临死亡或长势极度衰弱的古树采取的抢救措施（又称急救方案或救护方案），类似于对高危病人采取的救护措施，该方案与其他方案有区别，不仅轻重有区别，而且处理的重点部位也有区别。

复壮——对长势明显衰弱或衰弱趋势不断加重的古树名木采取的综合恢复树势的措施（又称复壮方案）。该方案与救护和养护有明显的区别，它是针对衰弱原因而采取的综合恢复措施。

怎样正确保护古树名木
——大医治未病，术业有专攻

古树名木是有生命的！似一个体弱多病的老人！国光古树名木研究所就是一个古树医院！

古树名木养护、保护及救护、复壮与医生救治病人的原理和方法是相似的，都要根据检验、诊断报告来提供治疗方案，采取外科、内科手术等治疗措施，国光古树名木保护研究所就是一个救护、复壮、养护、保护名木古树的医生护士团队。

古树救护、复壮应注意做到"尽早""专业""持续"这三个原则：

"尽早"就是大医治未病，是指应做到早体验、早诊断、早预防、早治疗！预防为主、治疗为辅，不要等到病入膏肓了才来找国光。一个"特"字，对历史文化旅游价值高的濒危树要像重症监护室的病人一样要特别对待、特别保护。

"专业"是指古树名木救护复壮的一项跨学科的科学性、技术性强的工作，应做到科学体检、科学诊断、科学预防、科学治疗、科学用药。爱树不讲科学也会爱死，"过者为灾"是很多不懂古树保护的人常犯的错误。

"持续"是指古树保护的一项长期性的工作，对古树做一次复壮救护就能解决根本问题的想法是不科学的，也是不现实的。因为一是古树年老体衰，身体机能显著下降，就像老年人一样，身体容易出问题；二是树木是活体生物，其生长会受到外界各种因素的影响，就像人感冒一样，这次吃药打针治好了隔一段时间又可能再次感冒，道理是一样的，一次救护复壮工作主要是在一定时间内改善了古树的生长和生存条件，有可能过一段时间古树还会出现生长状况不良的现象，因此还需要继续进行复壮救护。在救护复壮后通过加强日常的养护管理能够延长救护复壮的成效。

要成为一名古树名木救护复壮的专家：

既要有丰富的理论基础，又要有大量的实战案例，

还要有各种先进体检仪器、专用资材、专用药品

技术＋检测＋药品＝治疗救护

古树名木复壮与救护不是人人都能做的工作，它是一项技术性强、科学性强的技术活，它涉及的学科有植物生理学、树木学、植保学、土壤营养学、生态学、环境学、栽培学、气象学、微生物学、物理学、化学、生物化学以及机电学等。

请把古树名木复壮、救护与移植等专业技术问题
交给懂古树名木保护的研究机构和专业人士来处理吧！

古树名木救护复壮流程图

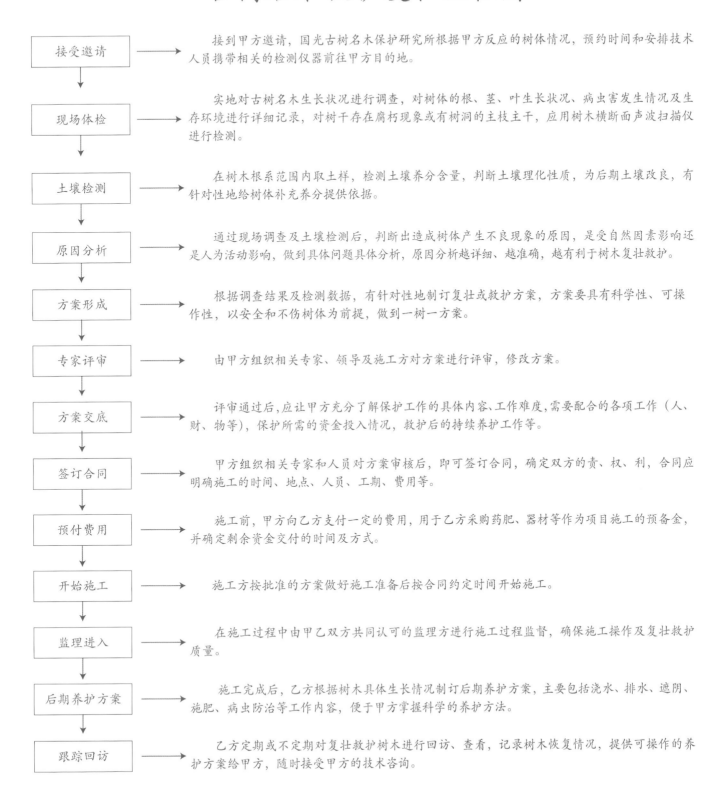

| 接受邀请 | → | 接到甲方邀请，国光古树名木保护研究所根据甲方反应的树体情况，预约时间和安排技术人员携带相关的检测仪器前往甲方目的地。 |

现场体检 → 实地对古树名木生长状况进行调查，对树体的根、茎、叶生长状况、病虫害发生情况及生存环境进行详细记录，对树干存在腐朽现象或有树洞的主枝主干，应用树木横断面声波扫描仪进行检测。

土壤检测 → 在树木根系范围内取土样，检测土壤养分含量，判断土壤理化性质，为后期土壤改良，有针对性地给树体补充养分提供依据。

原因分析 → 通过现场调查及土壤检测后，判断出造成树体产生不良现象的原因，是受自然因素影响还是人为活动影响，做到具体问题具体分析，原因分析越详细、越准确，越有利于树木复壮救护。

方案形成 → 根据调查结果及检测数据，有针对性地制订复壮或救护方案，方案要具有科学性、可操作性，以安全和不伤树体为前提，做到一树一方案。

专家评审 → 由甲方组织相关专家、领导及施工方对方案进行评审，修改方案。

方案交底 → 评审通过后，应让甲方充分了解保护工作的具体内容、工作难度，需要配合的各项工作（人、财、物等），保护所需的资金投入情况，救护后的持续养护工作等。

签订合同 → 甲方组织相关专家和人员对方案审核后，即可签订合同，确定双方的责、权、利，合同应明确施工的时间、地点、人员、工期、费用等。

预付费用 → 施工前，甲方向乙方支付一定的费用，用于乙方采购药肥、器材等作为项目施工的预备金，并确定剩余资金交付的时间及方式。

开始施工 → 施工方按批准的方案做好施工准备后按合同约定时间开始施工。

监理进入 → 在施工过程中由甲乙双方共同认可的监理方进行施工过程监督，确保施工操作及复壮救护质量。

后期养护方案 → 施工完成后，乙方根据树木具体生长情况制订后期养护方案，主要包括浇水、排水、遮阴、施肥、病虫防治等工作内容，便于甲方掌握科学的养护方法。

跟踪回访 → 乙方定期或不定期对复壮救护树木进行回访、查看，记录树木恢复情况，提供可操作的养护方案给甲方，随时接受甲方的技术咨询。

案例一：国光为仪陇县朱德同志移栽的古皂角树提供救护方案

  2017 年 5 月 10 日，四川国光古树名木保护研究所对朱德栽植的古皂角树进行了实地调查和勘测，此树枝冠残缺，树干严重腐朽，仅存的两个大枝，一枝已经被风吹断，另一枝倾斜严重，部分干皮坏死，生长环境受限。综合判定，该树属濒危古树名木，急需救护和复壮，现场提出有针对性的救护和复壮方案……

搭建施工操作平台 → 断枝复位、支撑及加固 → 树体支撑加固（另一主枝） → 清理树干腐朽组织、修枯枝 → 修复部位杀虫杀菌处理

根部营养土回填处理 ← 根部硬化地面清除处理 ← 树体修复表面及支撑仿真处理对全树适量修剪，拆除脚手架 ← 修复部位填充整形处理 ← 修复部位防水防腐处理

栽植小皂角树5株 → 根部施肥、杀虫杀菌、促生根、浇水等处理 → 安全防护围栏 → 树盘内种植兰草 → 全树杀虫杀菌处理、完工

案例二：国光为四川新津梨花溪305株古梨树
做的调查表及复壮救护技术方案
（一树一方案）

新津县梨花溪古梨树调查表

调查项目	描述记录		特别说明
植株编号/品种	编号：941 金花梨	调查日期：2017·4·24	
产权所有人	姓名：姜春云	电话：15108460474	
古树GPS定位	经度：103°47'49.8"	纬度：30°22'51.5"	
树龄（年）	240		
地径（厘米）	30.9		树干离地10厘米处的直径
树高（米）	3.3		
冠幅（米）	4.7×2.4		
一级主枝数量（枝）	1		
枝干腐朽、空洞情况描述	主干树皮严重，反翘似层干皮，有2处空洞 ①长1.3m，宽0.2m ②长0.65m，宽0.55m，深5cm 树干严重倾倒，洞内腐朽严重，少量挂果		
干皮损伤程度（厘米）	损伤严重，需要支撑。		

新津县梨花溪305株古梨树调查表及技术方案

一树一方案　救护包与方案对应

案例三：国光为三亚修环岛铁路移植古榕树所出方案

前言：

    因海南修环岛铁路需将三亚市文昌村一棵450年高山古榕树移至三亚红棠湾国际高尔夫球场，三亚市园林局根据市政府精神成立了古榕树移植工作小组（见方案依据复印件），四川国光是该小组负责移植技术指导的成员，受三亚市园林局委托草拟该古树移栽技术实施方案。

结 束 语

    为确保450年古树在非移栽季节的七月夏季移植成活，要求参与这项系统工程的人员尽心尽力，重视安全、负起责任来；如果一棵生长450年的大树被我们移植不成功，这是一个很大的损失，也是我们大家不愿意看到的，虽然大树（特别是400年以上的大树）移植成活与很多因素有关，虽然没有人敢百分之百地担保移植成活，但只要我们像外科医生和护士对待病人一样重视每个细节（细节决定成败），讲科学，成功地把握也是很大的。

    本策划方案请领导小组广泛针对意见，并修改，报项目负责单位或总指挥（领导小组）批准后执行。

四川国光农化有限公司
园林技术部
策划联系人：骆龙斌 电话：13932932622

修改和建议事项：

审批意见：此方案经专家论证，按此方案实施。

审批人（签字）：

审批单位（盖章）： 2006.7.5.

国光古树名木保护研究所及其专业救护队
能够为古树名木复壮救护、移植养护提供的技术服务项目

一、古树体检

  1. 古树名木枝干体检——德国PICUS³专用仪器

  2. 古树名木根部体检——美国TRU专用仪器

  3. 古树年轮分析仪——德国Lintab专用仪器

  4. 高大古树树冠施药肥——高射程喷雾机

  5. 高大古树树冠施药肥——大疆农用无人机

  6. 根部土壤检测——营养元素速测仪

  7. 古树名木光合蒸腾测定——叶片光合测定仪

  8. 对古树名木定位制图——GPS定位仪

  9. 古树名木体温测定——激光测温仪

  10. 古树名木蒸腾测量——树木蒸腾测量仪

  11. 古树名木叶片气孔导度测量——导度测量仪

  12. 树木叶片叶绿素浓度测量——叶绿素仪

  13. 树木叶片光合作用测量——叶绿素荧光仪

  14. 大片古树病虫防治和施肥——载人直升飞机

  15. 树洞修复腐朽物清除消毒杀虫——高压水枪、风机

二、古树资源及生长状况调查

三、古树诊断与方案制订

  1. 古树名木衰弱原因及立地环境分析

  2. 古树名木促发新根处理方案

  3. 古树名木根部腐烂的处理方案

  4. 古树名木树洞修补方案

  5. 古树名木干腐病处理方案

  6. 古树名木蛀干害虫(白蚁、天牛等)处理方案

  7. 古树名木蚧壳虫和食叶害虫的防治方案

  8. 古树名木寄生植物解决方案

  9. 古树名木根部土壤检测与改良方案

  10. 古树名木营养补充及治缺素症方案

  11. 古树名木控制开花结果、飞絮方案

  12. 古树名木冬保护方案

  13. 古树名木树体支撑与吊装的施工方案

  14. 土壤理化性质的改善方案

  15. 古树名木树冠整理方案

  16. 死亡古树名木原址保护方案

  17. 古树名木周年养护方案

  18. 衰弱古树名木收支平衡解决方案

四、古树名木移植、养护全程解决方案

五、承担家庭医生式古树长期保护、保健、养护

六、提供技术资料、技术培训、技术咨询

七、承揽古树名木救护复壮、移植养护工程

八、现场跟踪指导古树名木救护复壮、移植养护工程

九、古树名木鉴定

十、提供古树名木的其他特殊技术服务

编后语

如何选择一家专业的古树名木救护、复壮、养护、保护团队

古树名木复壮救护与移植是一项技术性强、科学性强的技术工作，它涉及的学科有植物生理学、树木学、植保学、土壤营养学、生态学、环境学、栽培学、气象学、微生物学、生化学、力学、美学及机电学等。没有金刚钻是揽不了这个瓷器活的，这个金刚钻就是知识积累、技术储备、实战经验、大量成功案例、专业的团队、先进的仪器设备、各种专用的器具、资材和专用的复壮养护品，只有技术性强，专业水平高，有责任心，有大量成功案例的技术团队才能做好这项工作，而且要做到精准救护，精细施工。

国光有什么条件来承揽这个瓷器活，因为上面各种条件，国光都具备，这些是国光的特色，也是国光承揽瓷器活的金刚钻！

把专业的事交给专业的人去做，是这个时代的特色和分工。

国光古树名木保护研究所下属有专门的古树名木复壮救护专业队，国光古树名木保护研究所是这支专业队的强大后盾，他们利用国光30多项专利和各种仪器、器具、资材和养护品等优势，这些年做了大量的古树保护工作，取得了丰硕的成果，积累了丰富的经验，用成功复制成功，不断创新和研究新技术、新产品、新资材、新合作模式，使国光的古树名木复壮与救护技术和成功案例得到业内认可。

我们深知古树名木是一座城市悠久历史文化的"见证者"，是重要的风景旅游资源，对提高城市知名度具有重要意义，也是一部生动的教材，还能丰富了城市的文化内涵，同时也为城市绿化工作提供种质资源和科学依据。既然意义重大，我们一定办好古树名木医院——国光古树名木保护研究所，把古树名木当成我们的亲人、老人、病人一样尽心尽力做好救护复壮与养护工作，做一个古树名木救护复壮的好医生、好护士，把国光这所古树名木救护复壮医院建成中国最好的"三甲医院"。

如果你有这方面的需求请联系我们，我们会尽快派人到达目的地，认真体检、认真化验、认真分析病症原因，提出救护和康复方案。

在我们实际的古树复壮工作中很多人都问是否有古树名木救护复壮资质，现答复如下：

一、什么是古树名木复壮救护专业队的资质？

国家取消园林绿化资质后，承担园林绿化、古树复壮救护与移植养护的资质靠的是企业诚信、企业品牌及成功案例，国光古树名木保护研究所的研究历史和复壮救护的成功案例、国光品牌、A股上市公司、专业的技术人员和施工队及本资料就是救护复壮救护、移植养护专业队的最好资质。

二、什么叫古树名木复壮救护与移植养护专业队？

专业队＝理论+技术+方案+案例+经验+体检仪器+专用资材+专用药品+行业口碑的复壮救护专业施工团队

三、什么是金刚钻？

——技术+经验+案例+专业检测仪器+专用器材+专用养护品+研究所+树博士专业队

国光园林科技驻各省园林技术服务团队负责人联系方式

省区	业务电话	省区	业务电话	省区	业务电话	省区	业务电话
东三省	18081681281	黑龙江	18081681275	吉林	18081681278	辽宁	18190371537
京津冀晋蒙	18081681308	北京	18190356962	天津	18081681300	河北	18081681303
山西、内蒙古	18081681293	山东	18081681310	河南	18081681313	贵州	18081681375
甘青宁	18081681325	新疆	18081681272	陕西	18081681323	重庆	18081681377
川藏	18081681266	四川二级	18081681389	成都	18081681393	西藏	18081681388
江苏	18081681285	浙江	18081681331	安徽	18081681290	上海	18081681172
湘赣闽	18081681317	湖南	18081681280	江西	18081681359	福建	18081681362
琼粤	18081681319	海南	18081681336	广东	19950105798	云南	18096386271
广西	18081681318	湖北	18081681350	依贝智能	18090639372	花卉技术	18090356901
花卉所	18181361330	草坪所	18081681431	苗木所	18090639370	古树所	18181361339
园林科技总经理	18081681006	技术总监	18081681009	大客户森防	18081681280	产品咨询	18181361331

全国古树名木保护专家联盟（筹）办公室电话：028-66876902

国光古树名木保护研究所电话：028-66876902

树博士古树名木复壮救护、移植养护专业队电话：18181361339

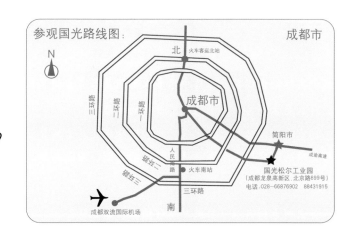

欢迎业界的朋友到国光做客、指导工作！